Inhalt

W0297393

WAS PASSIERT JETZT?

Vorwort

Dieses Buch ist für alle gedacht, die das Gefühl haben, dass sie in ihrer Karriere bisher nicht genug vorangekommen sind, und nun endlich ihre Beförderung erreichen möchten. Für alle, die unsicher sind, wie sie ihre Leistungen richtig präsentieren, oder einfach Angst haben, eine Gehaltserhöhung zu fordern. Wenn dies auf dich zutrifft, dann bist du hier genau richtig. In diesem Buch wirst du lernen, wie du dich erfolgreich für eine Beförderung oder Gehaltserhöhung einsetzt, um die Karriereleiter Stück für Stück hinaufzusteigen.

Das Buch ist vollgepackt mit praktischen Tipps und Strategien, die sich für Beförderungen und Karriere bewährt haben. Du wirst lernen, wie du deine Erfolge richtig dokumentierst und präsentierst, um sie für deine Beförderung zu nutzen. Dabei helfen dir praktische Beispiele und Hinweise, mit möglichen Ängsten oder Nervosität umzugehen, sodass du gelassen und entschlossen deine Beförderung einfordern kannst. Die im Buch enthaltenen Übungen werden dir ermöglichen, in kürzester Zeit deinen Pitch vorzubereiten und auch in schwierigen Situationen die richtige Antwort parat zu haben.

Beginnend bei der Vorbereitung, findest du hier alles, was du für eine souveräne Verhandlung brauchst. Im Anschluss wirst du deine Forderungen auf eine klare und selbstbewusste Art und Weise vortragen können. Ziel ist es, dass du deinen individuellen Verhandlungsstil findest und lernst, was du brauchst, um nachhaltig erfolgreich zu sein.

Die Texte sind so aufgebaut, dass Kernaussagen visuell hervorgehoben werden. Selbst wenn du die Seiten nur überfliegst, fallen dir in jedem

Fall die wichtigsten Passagen ins Auge. Eine Zusammenfassung am Ende jedes Kapitels (»Too long; didn't read«) hilft zudem, das Gelernte nochmals zu festigen und zu vertiefen.

Ich habe in meiner Karriere viele Fehler gemacht und verschiedenste Erfahrungen gesammelt. Doch genau diese Erfahrungen haben mich zu einer besseren Verhandlerin meiner Karriereziele gemacht. In diesem Buch teile ich meine Erfahrungen und Erkenntnisse mit dir, damit auch du erfolgreich verhandeln und deine Karriere dauerhaft vorantreiben kannst.

Dazu erhältst du in Form von Anekdoten und Tipps Einblicke in das Leben von Menschen aus der Wirtschaft, dem Journalismus, der Politik und der Tech-Industrie. Vom Manager bei Google über eine Associate Partnerin bei McKinsey bis zu Mitarbeitenden bei SAP, Spotify und TikTok. Dazu teilt Bettina Stark-Watzinger, Bundesministerin für Bildung und Forschung, Tipps von ihrem Karriereweg zur Spitzenpolitikerin, und Dr. Sigrid Nikutta erzählt, was erforderlich ist, um es bis zur Vorstandsvorsitzenden zu schaffen. Lass dich inspirieren von ihren Erfahrungen und lerne aus ihren Fehlern und Erfolgen.

Dieses Buch wird dir helfen, deine beruflichen Ziele zu erreichen. Du kannst wertvolle Lektionen mitnehmen und die Übungen deine gesamte Karriere über immer wieder anwenden, wenn du dich auf deine nächste Beförderung vorbereitest. So wirst du nachhaltig deine Karriere ausbauen und langfristig erfolgreich sein.

Also, sei bereit, den nächsten Schritt auf deiner Karriereleiter zu gehen!

DU WILLST MEHR

1. Weshalb deine Beförderung so wichtig ist

(Lesedauer: 10 Minuten)

Gerne wird das Thema Beförderung vertagt und auf die lange Bank geschoben, während man darauf wartet, dass sich etwas ohne eigene Initiative ändert. Doch wenn man auf eine Beförderung nur wartet, geschieht in der Regel nichts. Deshalb ist es so wichtig für dich, deine Karriere jetzt selbst in die Hand zu nehmen, sie aktiv zu gestalten und auf die nächste Stufe zu bringen.

Nur wenn du proaktiv an der Gestaltung deiner Karriere arbeitest, wirst du wahrhaftig Freude an deiner Position und den Aufgaben, die damit verbunden sind, finden. Nicht jeder fragt nach einer Gehaltserhöhung, Frauen sogar weniger als Männer (siehe Grafik auf Seite 16). Doch das Schöne: Wenn du die Zügel in die Hand nimmst und dich um eine Beförderung bemühst, hast du die Chance, selbstbestimmt zu entscheiden, an welchen Projekten du arbeitest, welche Fähigkeiten und Kompetenzen du entwickelst und wie du deine Arbeitszeit verbringst. Es wird also höchste Zeit, deinen Karriereweg zu zeichnen und den nächsten Schritt zu gehen.

Du wirst sehen, dass es nur ein wenig Vorbereitung und Motivation von deiner Seite erfordert. Mithilfe von praktischen Übungen und Checklisten aus diesem Buch kannst du dich mit wenig Aufwand auf dein Gespräch mit dem Chef oder der Chefin vorbereiten. In Kürze wirst du

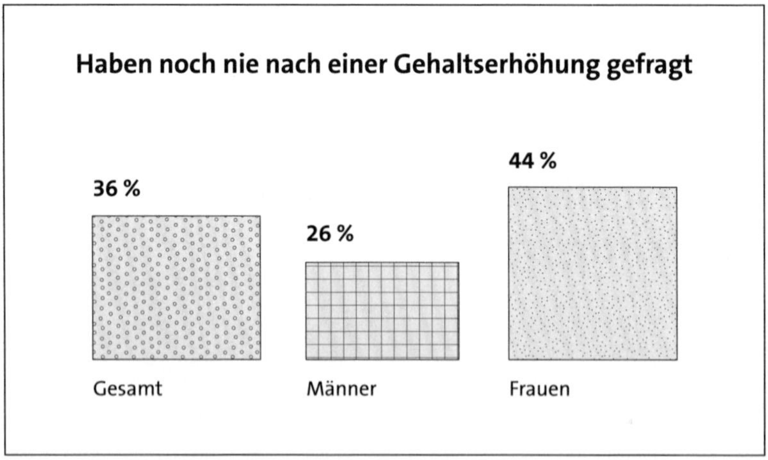

Quelle: Copyright APA/Stepstone, 2017. 1011 Befragte[1]

dich über deine Erfolge freuen und die Erkenntnisse und Tipps für dein gesamtes Berufsleben nutzen können.

Was hält dich davon ab, befördert zu werden?

Wie fühlst du dich, wenn du an deine mögliche Beförderung denkst? Bekommst du ein unangenehmes Gefühl oder vielleicht sogar Zweifel? Die folgende Grafik zeigt, dass die Mehrheit es schwierig findet, eine Gehaltsverhandlung zu führen.

Wie geht es dir, wenn du erfährst, dass deine Kollegen und Kolleginnen befördert werden? Du hast bestimmt schon einmal Gedanken gehabt wie: »Eigentlich bin ich mindestens genauso gut wie er oder sie«, oder: »Ich finde es unangenehm, wie er vor den Vorgesetzten prahlt. Wenn man so sein muss, um befördert zu werden, dann ist das nichts für mich«, oder: »Wie hat sie das nur geschafft, wir haben doch dieselben Aufgaben?« Das kann frustrieren. Doch du bist damit nicht allein. Erste Studien zeigen, dass Beförderungen der Kollegen das Team oft demotivieren.[2]

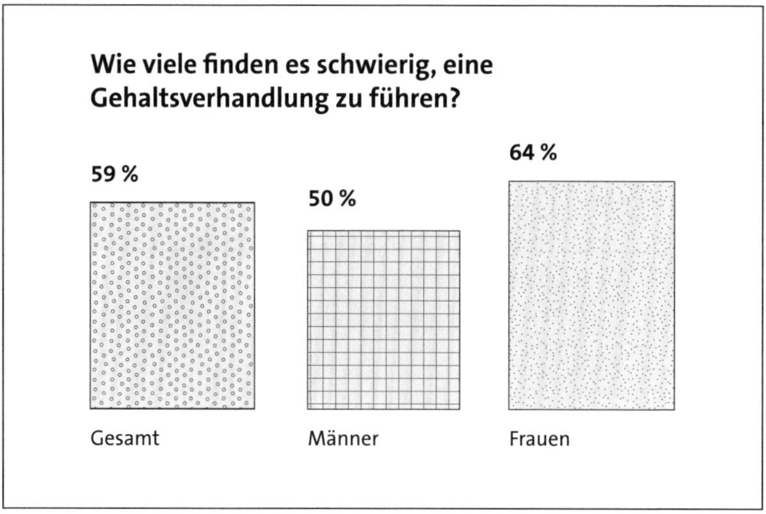

Quelle: Copyright APA/Stepstone, 2017. 1011 Befragte[3]

Vielleicht wünschst du dir manchmal, dass deine Vorgesetzten aktiv auf dich zukommen, um dir eine Beförderung anzubieten. Das passiert allerdings nur äußerst selten und ist etwa so wahrscheinlich wie ein Lottogewinn.

Zudem führen Mitarbeitende in den ersten Karrierejahren in der Regel operative Aufgaben aus, sie bewältigen sozusagen den Großteil der Arbeitslast. In den höheren Positionen geht es dann eher darum, Strategien zu entwickeln, Aufgaben zu koordinieren und Teams zu führen. Es versteht sich von selber, dass in höheren Positionen weniger Mitarbeitende gebraucht werden als in den hierarchisch niedrigeren Positionen.

Es ist also im Interesse der Firma, dass es immer genug Mitarbeitende in den Rollen gibt, die für die Firma existenziell sind. Zudem bedeutet jede Beförderung eine höhere finanzielle Belastung für ein Unternehmen, ein weiterer Grund also, jemanden in einer Position zu halten. Dies soll dich nicht unzufrieden machen, sondern dir helfen zu verstehen, dass eine Beförderung auch immer von der Firma getragen werden muss und gegebenenfalls eine Umstrukturierung bedeutet. Nutze die Zeit deiner ersten Karrierejahre, um viel zu lernen; hier ist es noch okay, wenn Fehler passieren, jedoch kannst du dir diese später in den höheren Gehaltsstufen nicht mehr erlauben.

Nutze die Anfangszeit deiner Karriere, stelle Fragen, beobachte und begleite erfahrene Kollegen. Vorzugsweise diejenigen, die ein bis zwei Schritte vor dir sind.

So kannst du lernen, was du brauchst, um auf ihre Ebene zu kommen. Beobachte genau, was du genauso und was du bewusst anders machen möchtest. Aber zurück zu deiner anstehenden Beförderung: Du hast also den Entschluss getroffen, deine Karriere voranzutreiben. Mithilfe der folgenden Übungen und Tipps kannst du herausarbeiten, was für dich zu tun ist, um die Beförderung zu erhalten.

Nimm dir einen Moment, um zu überlegen, weshalb du befördert werden möchtest.

- Was sind deine Fähigkeiten und Qualitäten?
- Welche Erfolge hast du vorzuweisen?

Die Antworten helfen dir, deine Position zu reflektieren, und dienen dir zur Grundlage für die kommenden Kapitel und Übungen.

Es gab sicherlich unterschiedlichste Gründe, die dich bisher daran gehindert haben, eine Beförderung einzufordern. Hast du in der Vergangenheit bereits ein Jahresgespräch mit deinem oder deiner Vorgesetzten geführt, bei dem du erfahren hast, wie deine Leistung eingeschätzt wird? Hast du bereits versucht, eine Beförderung zu erlangen? Der größte Fehler, den du machen kannst, ist, deine Beförderung nicht anzusprechen. Denn dann wirst du nie oder nur sehr langsam Karriere machen. Wusstest du, dass einer Studie zufolge sogar 40 Prozent der Deutschen noch nie ihr Gehalt verhandelt haben?[4]

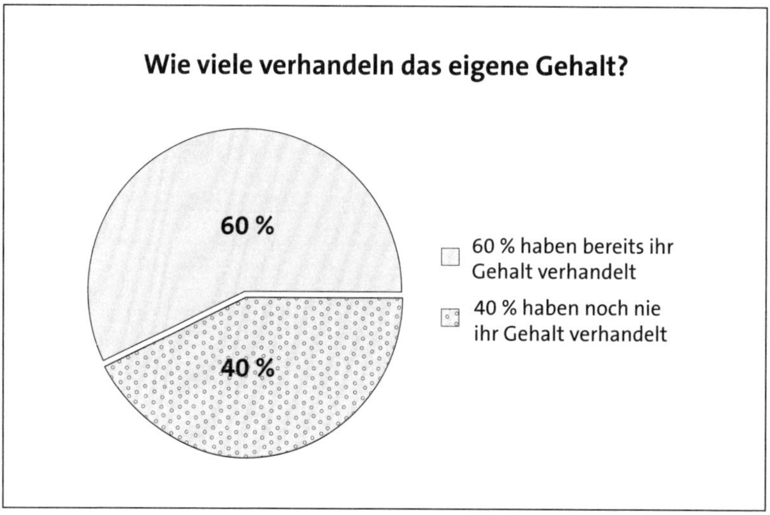

Quelle: WeltSparen und YouGov, 2021. 2000 Befragte[5]

Die Ursache dafür, dass so wenige Menschen ihr Gehalt ansprechen, liegt zum einen darin, dass viele Angst vor dem Gespräch haben. Zum anderen fällt es vielen schwer, sich ordentlich vorzubereiten. Was sie brauchen, ist ein Leitfaden für die Vorbereitung.

Von negativen Gedanken zur Motivation

Eine erfolgreiche Methode, um Ängste und Nervosität zu überwinden, besteht darin, die eigene Einstellung zu reflektieren, Argumente zu sammeln und eine Strategie zu entwickeln. Das mag zunächst nach viel Arbeit klingen, doch in Wahrheit reichen zwei Abende, um sich optimal vorzubereiten. Stell dir vor: Ein paar Stunden deiner Zeit können zu einer Beförderung und einem höheren Gehalt führen! Es lohnt sich also, sich für dieses Thema Zeit zu nehmen. Mit der richtigen Vorbereitung wird auch das Gespräch nicht unangenehm sein, sondern du wirst selbstbewusst und erfolgreich agieren.

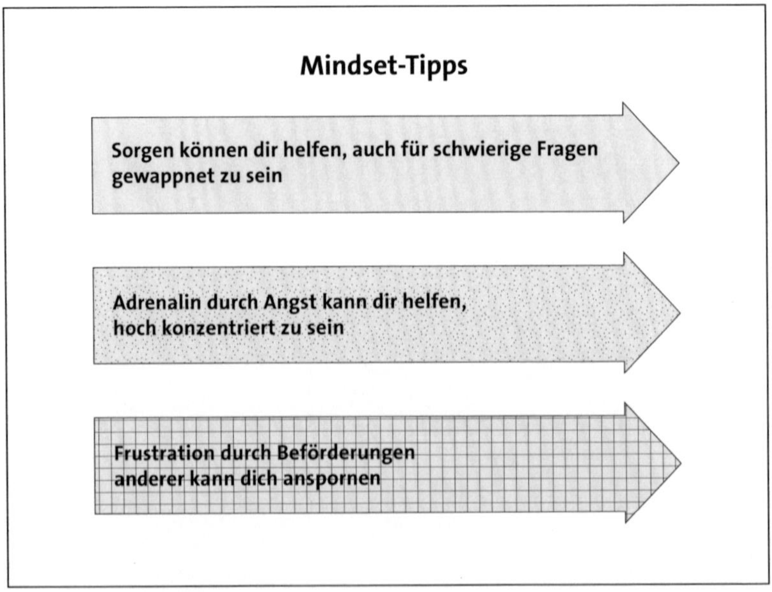

Quelle: Eigene Darstellung

Die Grafik zeigt Anregungen, wie du ein negatives Mindset zum Thema Beförderung in ein positives umwandeln kannst.

Wer jetzt noch Zweifel hat, fragt sich vielleicht: »Lohnt sich all die Anstrengung wirklich, um für eine Beförderung zu kämpfen? Wieso bleibe ich nicht einfach in meiner aktuellen Position?« Die Position ist dir schließlich vertraut, du kennst die Herausforderungen und fühlst dich den Aufgaben gewachsen. Die Antwort ist, dass du dich mit einer Beförderung ganz neu wertgeschätzt fühlen wirst. Du wirst in deinen Aufgaben wachsen können und nicht zuletzt auch in deiner Souveränität und deinem Selbstbewusstsein wachsen.

Ich habe erlebt, dass ich nach Erreichen einer neuen Karrierestufe von meiner Umwelt ganz anders behandelt wurde. Mit jedem Schritt erfolgte mehr Respekt, mir wurde anders zugehört. Egal wie erfahren du bist, der Titel gibt dir nach außen Kredibilität und hilft dir, Dinge leichter zu erreichen. Nicht zuletzt öffnet dir diese Kredibilität Türen. Es wird sich gut anfühlen, wenn du befördert wirst und den Erfolg auch durch dein Umfeld gespiegelt bekommst.

Beförderungen zur Routine machen

Für deine berufliche Zukunft und dein Vorankommen ist es wichtig, dass deine Beförderung nicht einmalig ist. Es ist von zentraler Wichtigkeit, dass du alle paar Jahre in deiner Position wächst. Manchmal wird es schnell gehen, auch durch Zufall und äußere Einflüsse. In anderen Momenten wird es langsamer vorangehen, dafür aber hoffentlich stetig.

Wenn du nicht befördert wirst oder es zu schwierig wird, wenn sich deine Karriere sogar in eine Richtung entwickelt, die nicht deiner Vision entspricht, dann solltest du den Job wechseln. Regelmäßig den Job zu wechseln ist übrigens der einfachste Weg, um schnell die Karriereleiter zu erklimmen. Außerdem sind einer Studie von McKinsey aus dem Jahre 2022 zufolge durch einen Jobwechsel hohe Gehaltssprünge möglich, durchschnittlich 30 Prozent.[6] Dies ist damit zu begründen, dass du in deiner Position immer nur so weit wachsen kannst, wie auch passende Positionen verfügbar sind. Wenn du zum Beispiel im nächsten Schritt Manager oder Managerin eines Teams werden möchtest, die Position aber besetzt ist, so ist es schwer, diesen Schritt in deinem Unternehmen zu erreichen. Hier ist ein Wechsel einfacher, da du direkt in die gewünschte Position aufsteigen kannst.

Es lohnt sich also, regelmäßig über die eigene Karriere nachzudenken und sich dazu zu motivieren, etwas für das eigene Fortkommen zu tun. Auch du hast eine Beförderung verdient, und mit den richtigen Strategien und einer guten Vorbereitung wirst du diese auch erreichen.

Too long; didn't read

→ Der Mehrheit der Menschen fällt es schwer, sich für die eigene Beförderung einzusetzen; das Thema wird gerne vertagt.

→ Beförderungen von Kollegen erhöhen die Frustration, können dich aber auch anspornen, im Gespräch mit deinem Chef oder deiner Chefin selbstbewusster zu sein und mehr zu fordern.

→ Man braucht nicht viel Zeit, um sich ordentlich vorzubereiten. Die Vorbereitung hilft außerdem, Angst vor dem Gespräch zu nehmen.

→ Eine Beförderung hilft dir, dich wertgeschätzt zu fühlen. Zudem wirst du mehr Respekt erhalten, deine Meinung wird ganz anders geachtet.

→ Um langfristig erfolgreich zu sein, solltest du alle paar Jahre befördert werden. Jobwechsel sind ebenso ein Weg, schnell die Karriereleiter zu erklimmen, da bei einem Wechsel größere Gehaltssprünge möglich sind.

2. Dein Ziel definieren

(Lesedauer: 7 Minuten)

Zunächst gilt es zu bestimmen, welche Position oder welcher Titel genau deinen Vorstellungen entspricht. Nimm dir Zeit, dies herauszufinden, und behalte immer deine eigenen Wünsche im Blick.

Wunschposition und -aufgaben definieren

Durch gezielte Übungen kannst du hier deine Wunschposition konkretisieren. Da auch die täglichen Aufgaben einen erheblichen Einfluss auf deine Zufriedenheit haben, empfehle ich dir, diese mithilfe der zweiten Übung ebenfalls zu definieren.

Deine Wunschposition

> **Welche Position ist die richtige für dich?**
>
> Nimm ein Blatt Papier und notiere, welche Position du dir wünschst. Wenn du dir noch nicht darüber im Klaren bist, so sprich mit Freunden und Kollegen. Sie können dir helfen, herauszuarbeiten, was die möglichen nächsten Schritte in deiner Firma sind.

Wenn du gar keine Klarheit über die mögliche nächste Position hast, solltest du direkt das Gespräch mit deinem Chef oder deiner Chefin suchen. In manchen Teams ist der Karriereweg nicht direkt ersichtlich.

Es ist jedoch die Aufgabe deiner Vorgesetzten, dir zu zeigen, in welche Richtung du dich in deiner Firma weiterentwickeln kannst. Wenn keine passende Position für dich in deinem aktuellen Unternehmen verfügbar ist, solltest du darüber nachdenken, wie du weiter vorgehen möchtest.

Fehlt es an Perspektive, so ist es möglicherweise an der Zeit, die Firma oder sogar die Branche zu wechseln oder dich umzuorientieren.

Es ist wichtig, offen mit deinem Chef oder deiner Chefin darüber zu sprechen, wenn du das Gefühl hast, dass deine Karriereaussichten begrenzt sind. Wenn keine Möglichkeit besteht, in deinem Unternehmen weiter aufzusteigen, hast du zumindest Klarheit und kannst entscheiden, ob du in der Firma bleiben oder woandershin wechseln möchtest.

Ich war in meiner frühen Karriere in einer Situation, in der ich realisierte, dass ich nicht vorwärtskomme. Es fehlte an Perspektive durch meine damalige Chefin. Nachdem ich den ersten Schock über diese Erkenntnis verdaut hatte (denn das ist es, wenn man merkt, dass es keine Zukunft in der jetzigen Firma gibt), hatte ich umso mehr Energie, um nach etwas Neuem zu suchen. Man unterschätzt, wie viel Spaß es machen kann, die eigene Zukunft aktiv zu gestalten, interessante Positionen herauszusuchen und Firmen anzusprechen, die einen interessieren und mit denen man sich gut identifizieren kann.

Deine Wunschaufgaben

Wenn du Klarheit darüber hast, welche Position du anstrebst, kannst du dein Profil weiter schärfen. Es ist nun wichtig zu ermitteln, welche Tätigkeiten dir besonders liegen und dich erfüllen. Denn nur wenn du Freude an deiner Arbeit hast, lohnt sich eine Beförderung wirklich. Eine klare Vorstellung von deinen Karrierezielen ist die beste Vorbereitung für eine Beförderung, da deine Vorgesetzten auch überlegen werden, welche Aufgaben und Positionen zu deinem Profil und deinen Stärken passen. Beförderungen basieren auf deinen Qualifikationen und Erfolgen in der Vergangenheit.[7] Deine Qualifikationen möchten wir hier herausarbeiten.

> Schreibe auf, was du gerne tust. Welche Aufgaben machen dir besonders Spaß, welche Themen möchtest du gerne mehr bearbeiten, was fällt dir besonders leicht?
>
> Schau dir beide Übungen aus diesem Kapitel an. Passen die Aufgaben und Themen zu der angestrebten Position, die du ins Auge gefasst hast? Wenn ja, herzlichen Glückwunsch, dein nächster Schritt scheint für dich klar zu sein.
>
> Wenn Wunschaufgaben und die angestrebte Position jedoch nicht zusammenpassen, so nimm dir etwas Zeit, deinen Karriereweg zu überdenken. Was ist die richtige Rolle für dich, wie kannst du Position und Aufgaben in Einklang bringen? Sicherlich gibt es Alternativen innerhalb oder außerhalb deiner Firma, die dir ermöglichen, deine Wunschrolle auszuüben.

Es ist entscheidend, dass du deinen Interessen, Fähigkeiten und Leidenschaften folgst, um in deinem Job erfolgreich zu sein. Wir verbringen in der Regel mehr als acht Stunden pro Tag bei der Arbeit, was bedeutet, dass es wichtig ist, dass deine Tätigkeit dich erfüllt und dir Freude bereitet. Wir sollten uns immer daran erinnern, dass unsere Arbeit einen großen Teil unseres Lebens ausmacht, und es lohnt sich daher, Zeit und Energie in die Suche nach einer Position zu investieren, die uns erfüllt.

Es ist wichtig, dass dich deine Arbeit erfüllt und dir Freude bereitet.

Julian Pahlke, ein junger und engagierter Abgeordneter der Grünen im Deutschen Bundestag, betont die Bedeutung, den individuellen Interessen zu folgen, um Erfolg und Zufriedenheit zu erreichen. Statt sich auf Status oder Macht zu konzentrieren, rät er Berufsanfängern und Berufsanfängerinnen, mit Leiden-

schaft dabei zu sein. Denn wenn wir von dem begeistert sind, was wir tun, sind wir deutlich motivierter, um auch in schwierigen Zeiten durchzuhalten und unser volles Potenzial auszuschöpfen. Genauso ist Julian Pahlke ein Beispiel dafür, dass das Verfolgen der Leidenschaft nicht nur persönliche Zufriedenheit bringt, sondern auch zum Erfolg führt.

Too long; didn't read

- → Definiere deine Wunschposition. Gibt es keine passende Wunschposition in deiner Firma, so solltest du über einen Wechsel nachdenken.
- → Definiere deine Wunschaufgaben und -themen. Passen diese zu der Position, die du anstrebst? Falls nicht, gilt es, die Position zu überdenken.
- → Entwickle eine große Vision für dein Arbeitsleben, etwas, was dich lange Zeit motivieren kann.

3. Wenn du mehr willst als Geld

(Lesedauer: 6 Minuten)

Die Arbeitswelt ist im stetigen Wandel. Bei den Babyboomern (geboren in den 50er- und 60er-Jahren) reichte es noch, wenn einer aus der Familie arbeitete, und dennoch konnten mehrere Kinder und ein Haus finanziert werden. Für die Generationen danach änderte sich die Arbeitswelt: Millennials oder die »Generation Praktikum«[8] mussten hart um Job und Erfolg kämpfen, ihre Statussymbole waren das Eckbüro und das Auto. In der heutigen Arbeitswelt tritt die Generation Z mit völlig neuen Bedürfnissen und Vorlieben in den Arbeitsmarkt und stellt neue Forderungen an ihre Arbeitgeber und Arbeitgeberinnen.

Nicht der Job und die viele Arbeit definieren den Erfolg der Generation Z, sondern die Balance von Beruf und Privatleben.

Schließlich wird diese Generation auch viel länger arbeiten müssen. Genauso spielt die persönliche Verwirklichung eine Rolle, dass man sich mit der Firma und den Aufgaben identifizieren kann.[9] Der Wandel hat begonnen: Während die neuen Arbeitnehmer und Arbeitnehmerinnen der Generation Z neue, flexible Arbeitsmodelle fordern, passen sich Firmen auf der Suche nach Talenten deren Wünschen an. Von flexiblen Arbeitsorten wie Homeoffice, Remote Work oder Arbeit im Co-Working-Space über diverse Teilzeitmodelle wie etwa die 4-Tage-Woche bis hin zum Jobsharing, dem Teilen einer Position durch zwei Mitarbeitende.

Dank der neuen Generation von Mitarbeitenden wird der Arbeitsmarkt immer flexibler. Das ist auch gut für dich, da Unternehmen vermehrt auf die Bedürfnisse der neuen Arbeitnehmergeneration eingehen.

Neue Karriereziele

Einer Studie von Zenjobs aus dem Jahre 2022 zufolge wurden 1000 Arbeitnehmer und Arbeitnehmerinnen der Generation Z zu ihren Bedürfnissen befragt. Für sie waren in Bezug auf ihren Arbeitsplatz am wichtigsten[10]:

- Vereinbarkeit mit dem Privatleben
- Arbeitsplatzsicherheit
- Flexibilität
- Vielfältige Arbeitsaufgaben
- Persönliche Identifikation
- Digitalisierung und Fortschritt

Die Generation Z stellt Freizeit, Freunde und Familie über den Beruf.

Einer Workmonitor-Studie von Radstand mit 35 000 Arbeitnehmern zufolge gaben 56 Prozent der Generation Z an, ihren Job zu kündigen, wenn dieser ihr Privatleben beeinträchtigen würde. Der Job ist zwar wichtig für die finanzielle Sicherheit, verliert aber an Bedeutung für die eigene Identität.[11]

Deine Vision von deinem Traumjob

Die Veränderungen auf dem Arbeitsmarkt bedeuten für dich, dass du deine Karriereziele auf die Bedürfnisse der neuen Generation ausrichten darfst. Wenn du ähnliche Ziele verfolgst, kannst du deine Forderungen bei Beförderungsgesprächen entsprechend anpassen. Für dich ist

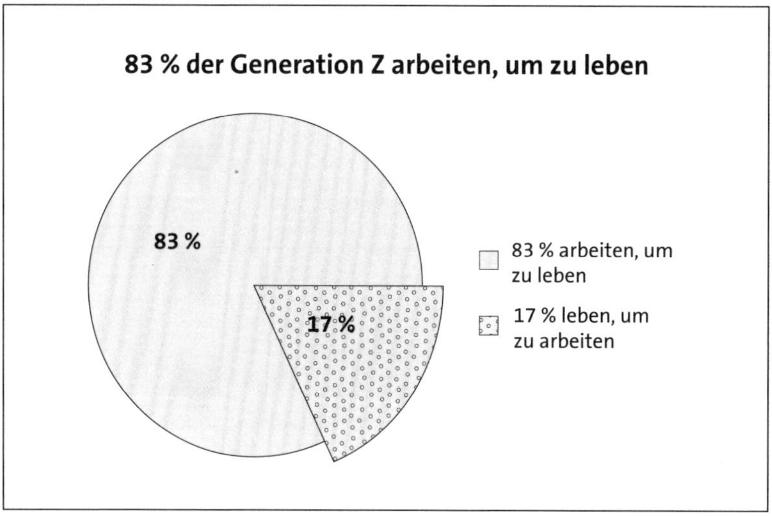

Quelle: Uni Bamberg, 2020. 875 befragte Studierende[12]

vielleicht eine Fachkarriere als Experte interessanter als die Führungsposition, da sie es dir ermöglicht, deine persönlichen Bedürfnisse zu erfüllen, während du ein ähnliches Gehalt erzielst.

Was will ich wirklich?

Nimm dir Blatt und Papier und schreibe auf, was dir wichtig ist – privat und beruflich. Nun nummeriere die verschiedenen Punkte, beginne mit dem wichtigsten (1.) und arbeite dich dann davon weg. Das Ergebnis wird dir zeigen, wo du persönlich in deiner beruflichen Ausrichtung den Fokus setzen solltest.

Für deine Vorbereitung auf dein Gespräch mit deinem Chef oder deiner Chefin bedeutet dies, dass du dich von den neuen Forderungen der Generation Z inspirieren lassen kannst. Nutze diese alternative Verhandlungsmasse in deinem Gespräch zu deinen Gunsten. Dein Ziel könnte zum Beispiel sein, in eine Rolle zu wechseln, die dir privat und beruflich größere Flexibilität ermöglicht, in der du etwa weniger abhängig von Teams und ihren Terminen bist.

Selbsttest

Was willst du neben der Beförderung? Schreibe dir alle Punkte auf, die dir erstrebenswert erscheinen. Die Liste dient zur Inspiration:

- 9-to-5-Job/9-to-3-Job
- Flexibilität in der Arbeitszeit
- Flexibilität des Arbeitsorts
- Flexibilität in den Aufgaben
- Vielfältige Arbeitsaufgaben
- Unbefristetes Arbeitsverhältnis
- Festanstellung
- Möglichkeit, Familie und Job zu vereinbaren
- Möglichkeit der Sabbaticals (Zeit zu Reisen oder für andere Ziele)
- Gutes Gehalt
- Viele Urlaubstage
- Nettes Team
- Zeit, um individuell für mich zu arbeiten
- Inspirierende Kollegen

Das Ergebnis kann dir helfen, deine Ziele klarer zu definieren. Vielleicht kannst du sogar deine Ergebnisse aus dem Kapitel zuvor anpassen. Vervollständige deine Liste und füge diese Kriterien zu deiner Wunsch-Position hinzu. Gegebenenfalls kannst du auch deinen 5-Jahres-Plan und deine Vision anpassen.

Auch wenn es nicht dein größtes Ziel ist, eine bestimmte Position oder ein Gehalt zu erreichen, solltest du dennoch gut verhandeln, um dir deine Träume von Flexibilität und beruflicher Freiheit zu erfüllen.

Immer mehr Arbeitnehmer und Arbeitnehmerinnen priorisieren Flexibilität bei Arbeitsort und Arbeitszeit als wichtige Aspekte für ihre berufliche Zufriedenheit, neben dem Gehalt (siehe Grafik).

Bettina Stark-Watzinger, Bundesministerin für Bildung und Forschung, empfiehlt Berufsanfängern und Berufsanfängerinnen und jungen Politikern und Politikerinnen darüber hinaus: »Politik ist

Was sich Arbeitnehmer neben dem Gehalt wünschen

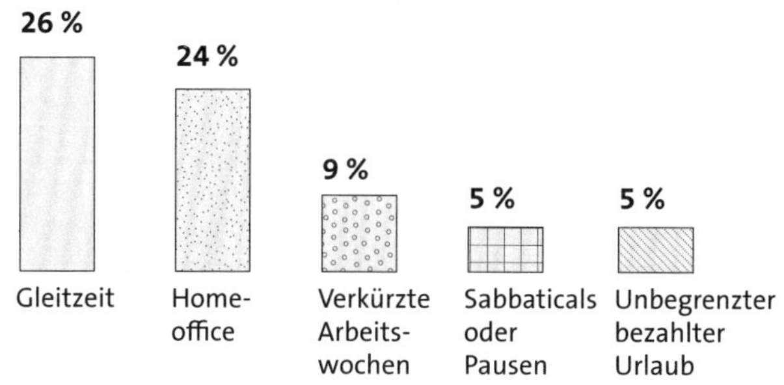

Quelle: Manpowergroupsolutions.de, 2017. 14 000 befragte Berufstätige aus 19 Ländern[13]

nicht alles. Deswegen empfehle ich, ein zweites Standbein außerhalb der Politik aufzubauen. Dadurch ist man in seiner beruflichen Karriere nicht auf Politik allein angewiesen, was einem eine angenehme Unabhängigkeit gibt und gleichzeitig für eine Bodenhaftung außerhalb der ›Politikblase‹ sorgt.«

Too long; didn't read

- → Die Generation Z verändert den Arbeitsmarkt hin zu mehr Flexibilität und Diversität.
- → Freizeit und Selbstverwirklichung sind für junge Arbeitnehmer und Arbeitnehmerinnen wichtiger als Position und Gehalt.
- → Erarbeite für dich, was du wirklich möchtest, neben Wunschjob und -gehalt. Dies ist deine alternative Verhandlungsmasse im Beförderungsgespräch.
- → Kann dein Arbeitgeber dir nicht bieten, was du möchtest, so zieh deine Konsequenzen. Das muss nicht sofort sein, aber passe deine Planung an.

VORBEREITUNG AUF DAS GESPRÄCH

4. Wann mit dem Chef oder der Chefin sprechen?

(Lesedauer: 6 Minuten)

Es gibt keinen perfekten Zeitpunkt für deine Beförderung. Oder anders gesagt: Der beste Moment ist immer. Egal ob deine letzte Beförderung erst ein halbes Jahr her ist und ob du dir nicht sicher bist, dass du für den nächsten Schritt qualifiziert bist.

Du solltest regelmäßig das Gespräch mit deinen Vorgesetzten suchen und jede Chance nutzen, um eine Beförderung ins Spiel zu bringen.

Die einzige Person, die dein Weiterkommen vorantreiben kann, bist du. Jede ausgelassene Möglichkeit, darüber zu sprechen, bedeutet, dass der nächste Karriereschritt weiter in die Ferne rückt. Du denkst vielleicht, dass diese Herangehensweise dreist ist. Doch ganz im Gegenteil: Dein Chef oder deine Chefin wird deine Ambition anerkennen, wenn du regelmäßig auf das Thema zu sprechen kommst. Es zeigt deine Zielstrebigkeit und dass dein Chef oder deine Chefin dich und deine Aufgaben in Zukunft ausbauen kann. Du signalisiert hiermit, dass du mehr Aufgaben übernehmen möchtest und beste Leistung lieferst. Dies können deine Vorgesetzten nutzen, er oder sie wird deinen Namen im Kopf haben, wenn es darum geht, wer das nächste große Projekt leitet oder wer den nächsten Praktikanten zur Unterstützung erhält. Entspricht deine Leistung nicht den Erwartungen deiner Vorgesetzten, so erfährst du es ebenso nur dadurch, indem du das Thema ansprichst.

Es ist wichtig, früh zu besprechen, an welchen Themen du arbeiten solltest.

Wenn du das Thema rechtzeitig ansprichst, hast du genügend Zeit, deine Fähigkeiten zu verbessern und dich auf das nächste Gespräch vorzubereiten. Wenn du aber wartest und deinen Beförderungswunsch nicht äußerst, so wirst du das Feedback womöglich erst zum Jahresgespräch erfahren und musst dann ein weiteres Jahr warten, bis du aufsteigen kannst.

Eines der stärksten Argumente in einer Karriereverhandlung ist, wenn du Feedback konstruktiv umgesetzt hast.

Da du die an dich gestellten Anforderungen erfüllt hast, bleibt deinem Chef oder deiner Chefin nicht viel übrig, als dir entgegenzukommen und ebenso auf deine Wünsche einzugehen. Sollte der Chef oder die Chefin nicht erfreut sein, dass du deine Ambitionen ansprichst, so ist dies ein klares Zeichen dafür, dass du die Glasdecke an deinem Arbeitsplatz erreicht hast. Das Wissen darüber ist ebenso wertvoll, denn jede weitere Energie, die du auf deine Karriere in diesem Job verwendest, ist überflüssig. Du reitest ein totes Pferd. Investiere deine Energie in die Suche nach einer besseren Position.

Auch mir ist es passiert, dass ich an die Grenzen der Möglichkeiten gestoßen bin. Nach zwei Jahren, in denen meinem Beförderungswunsch nicht nachgekommen wurde und mein Arbeitgeber dachte, er könnte mich noch ein weiteres halbes Jahr auf der Position halten, entschied ich mich, weiterzugehen. Ich war damals bereits in einer leitenden Position, und der nächste Schritt hätte mich motiviert, eine langjährige Karriere in einer Führungsposition der Firma anzustreben. Auch wenn dies viele private Opfer gefordert hätte und ich meinen neugeborenen Sohn nicht so häufig gesehen hätte, wie ich es mir wünschte. Als also die Beförderung ausblieb, kontaktierte ich mein Netzwerk, begann Gespräche mit Firmen. Und siehe da, eine Position als Co-Geschäftsführerin eines sehr

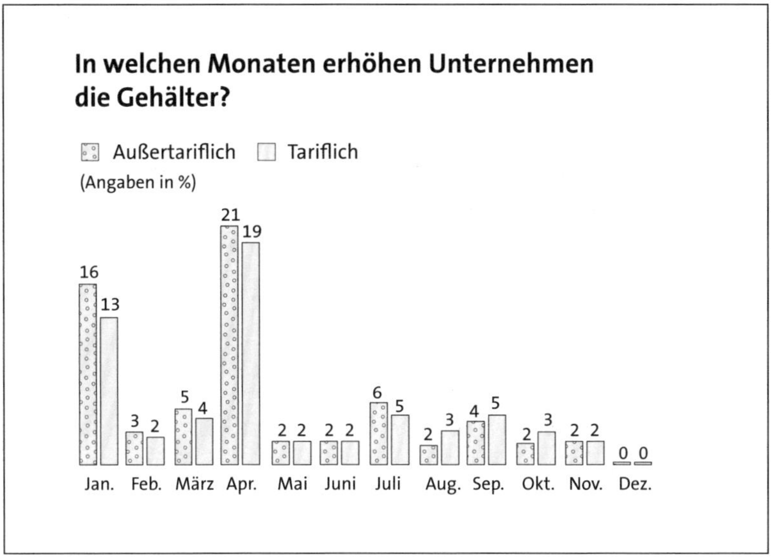

Quelle: Korn Ferry Hay, Statista, 2017. 176 deutsche Unternehmen[14]

erfolgreichen Start-ups tat sich auf. Und das Beste: Hier konnte ich meine Arbeitszeit frei einteilen und meinen Sohn mit ins Büro nehmen. Selbst wenn ich in meinem vorherigen Job geblieben und befördert worden wäre, so war die neue Stelle deutlich attraktiver für mich.

Zu welchem Zeitpunkt solltest du das Gespräch mit deinen Vorgesetzten suchen?

Es bietet sich besonders an, das Thema anzusprechen, wenn du kürzlich einen Erfolg verbuchen konntest oder zusätzliche Verantwortung übernommen hast und dadurch bei deinem Chef bzw. deiner Chefin einen positiven Eindruck hinterlassen hast. Nutze diese Gelegenheit, um das Gespräch zu initiieren.

Ein kürzlicher Erfolg ist ein guter Grund, deine Führungskraft auf eine Beförderung anzusprechen.

Wenn du keinen direkten Erfolg vorweisen kannst, so gibt es noch andere Wege. Du kannst ebenso für positive Stimmung sorgen, indem du schnell auf Anfragen reagierst, immer einen freundlichen und motivierten Ton hast und Ideen einbringst, die über deine üblichen Aufgaben hinausgehen.

Genauso kannst du Momente nutzen, in denen du merkst, dass deine Vorgesetzten auf dich angewiesen sind. Etwa weil du alleine über Fachwissen in einem wichtigen Bereich verfügst, oder weil du ein für die Firma wichtiges Projekt leitest. Du bist aktuell sehr wertvoll für die Firma, und die Chancen, ein erfolgreiches Gespräch zu führen, stehen gut.

Gute Leistung ist die Grundlage

Dauerhaft gute Leistung zu erbringen bedeutet, dass du deine Aufgaben erfüllst, dich positiv in Meetings einbringst und hier und da etwas mehr als nötig machst bzw. Erfolge einfährst. Solltest du Schwierigkeiten haben, dich einschätzen zu können, so bitte zwei oder drei Kollegen zu einem kurzen Gespräch bei einem Kaffee und hole dir von ihnen Feedback dazu, was sie an dir schätzen und wo du dich entwickeln kannst. Dies sind nicht nur wertvolle Informationen für das anstehende Gespräch, sondern auch ein guter Test, um deine Wirkung auf andere in deinem Umfeld einschätzen zu können.

Grundvoraussetzung für jede Beförderung ist, jederzeit gute Leistung und regelmäßige Erfolge zu erbringen.

Neben diesen Möglichkeiten unterhalb des Jahres bietet sich natürlich das große Jahresgespräch an. Hier besprecht ihr sowieso Erfolge und Ziele, und dein Chef oder deine Chefin ist auf Anfragen zu Beförderungswünschen mental vorbereitet. Du kannst hier am einfachsten das

Thema anschneiden, indem du über Ziele und Aufgaben sprichst und das Thema auf deine Karriereambitionen lenkst. Mehr dazu erfährst du im nächsten Kapitel.

Too long; didn't read

- → Jede Gelegenheit eignet sich, um deine Beförderung anzusprechen. Entweder du wirst befördert, oder du erfährst, was es braucht, damit es klappt.
- → Negatives Feedback bedeutet, du solltest den Job wechseln, du brauchst eine Position mit Perspektive.
- → Bemühe dich vor dem Gespräch unbedingt, positiv aufzufallen. Zum Beispiel durch Erfolge, einen größeren Aufgabenbereich oder deine zuvorkommende Art.
- → Jahresgespräch oder expliziter Termin sind gleich gut geeignet.
- → Grundlage ist, dass du das gesamte Jahr über einen guten Job machst.

5. Die Details: Termin ansetzen

(Lesedauer: 8 Minuten)

Um den Termin mit deinem Chef oder deiner Chefin zu vereinbaren, solltest du dein Anliegen elegant ankündigen. So kann sich dein Chef oder deine Chefin auch auf das Gespräch vorbereiten.

Termin bekommen und weitere wichtige Vorbereitungen

Es ist nun an der Zeit, den Termin anzusetzen. Wenn du nicht das jährliche Performance-Gespräch hierfür nutzt oder so ein Gespräch in deiner Firma vielleicht gar nicht angeboten bekommst, dann solltest du selbst die Initiative ergreifen. Am besten wählst du das bevorzugte Kommunikationsmittel zwischen deinem oder deiner Vorgesetzten und dir – E-Mail oder ein persönliches Gespräch –, um einen Termin von 30 bis 60 Minuten zu erbitten.

Aber wie fragt man nun genau? Dein Chef oder deine Chefin sollte verstehen, um was es geht, ohne dass du plump mit der Tür ins Haus fällst. Folgende Formulierungen haben sich hierfür bewährt.

Hier eine Vorlage für deine Nachricht an deine/n Vorgesetzte/n:

Lieber Chef, liebe Chefin,

gerne möchte ich um einen Termin von 45 Minuten bitten, um ...

... über meine Entwicklung ...

... über meine Performance und Perspektive ...

... gemeinsam zu Verantwortung und Wachstum ...

... über meine nächsten Schritte in der Position ...

... über gemeinsame Ziele ...

... zu sprechen.

Wichtig ist, dass verstanden wird, dass es in diesem Termin nicht darum geht, Feedback zu erhalten.

Falls dir nicht ganz klar ist, wer dein direkter Vorgesetzter bzw. deine direkte Vorgesetzte ist, so wähle immer die Person, die dir am nächsten in der Hierarchie ist. Falls du bereits ahnst, dass die Person keine Entscheidungsgewalt zu deiner Beförderung haben wird, so ist es trotzdem wichtig, sie mit ins Boot zu holen. Denn »der Entscheider« oder »die Entscheiderin« wird sich sicher bei dem bzw. der dir nächsten Vorgesetzten zu deiner Leistung informieren und eine Empfehlung über dich einholen.

Ich hatte zu Beginn meiner Karriere diese Situation, in der ich einen direkten Lead für mich und die anderen in meinem Team hatte, der jedoch keine direkte Entscheidungsgewalt für Beförderung oder Gehalt hatte. Hier lohnt es sich, das erste Gespräch mit dem »Lead« schnell zu suchen und diesen positiv zu stimmen. In meinem Fall bedeutete dies, dass ich meinen Lead zu meinem Befürworter gemacht habe. Ich setzte also ein persönliches Gespräch an und besprach zwei Dinge:

1. Ich sagte meinem Lead, dass ich mich entwickeln und den nächsten Schritt gehen möchte. Mein Lead war nicht autorisiert, so wurde mir direkt gesagt, was die nächsten Schritte sind, also mit wem ich tatsächlich das Gespräch suchen sollte.

2. Ich konnte meinen Lead nach Tipps und Hilfe für mein Anliegen bitten. Voraussetzung hierfür ist ein gutes Verhältnis, allerdings liegt es in den natürlichen Zielen jedes Managers und jeder Managerin, auch Mentor bzw. Mentorin zu sein und bei der Entwicklung zu helfen. Er oder sie sollte dir also helfen. Es schadet nicht, es zu probieren.

In meinem Fall begann mein Lead, mich zu coachen. Es gab ihm das Gefühl, dass seine Meinung gefragt war. Im Gegenzug erhielt ich wertvolle Tipps. Zusätzlich wurde mein Lead dadurch zu meinem Befürworter. Als seine Vorgesetzten ihn dann zu meiner Performance befragten, wurde er noch positiver gestimmt, weil er mir Tipps gegeben hatte. Wenn dir jemand hilft und Tipps gibt, ist es sehr wahrscheinlich, dass er oder sie dich auch unterstützt, wenn du nicht im Raum bist. Ein doppelter Gewinn.

Wen zur Beförderung ansprechen?

- Den Nächsthöheren oder die Nächsthöhere in der Hierarchie
- Den- oder diejenige, der oder die am nächsten zu deinem Aufgabenbereich ist
- Ist die Person nicht entscheidungsbefugt, um Hilfe bitten und sie zum eigenen Sponsor machen

Wann genau solltest du den Termin ansetzen?

Wähle einen Zeitpunkt, der besonders für deinen Chef oder deine Chefin günstig ist. Also am besten weder am Montag noch am Freitag, weil beides Tage sind, an denen entweder viel ansteht oder der Chef oder die Chefin bereits mental im Wochenende ist. Wähle außerdem eine für die Laune günstige Uhrzeit in der Mitte des Vormittags oder nachmittags. Randzeiten zu Beginn oder Ende des Tages sind gefährdet, von anderen Themen und Stimmungen zu stark beeinflusst zu werden. Schlage also einige Zeitslots vor und gehe auf jeden Fall auf mögliche Gegenvorschläge des Chefs oder der Chefin ein. Wichtig ist, dass es für ihn bzw. sie passt.

Äußere Vorbereitung

Die Tage bis zum Gespräch wird dein Chef bzw. deine Chefin nutzen, um sich Informationen über dich einzuholen und um die eigene Strategie festzulegen. Gegebenenfalls wird er oder sie prüfen, ob eine Veränderung in deiner Position möglich ist. Nutze in dieser Zeit jeden Kontakt zu deinem Chef oder deiner Chefin, um dich von deiner besten Seite zu zeigen. Übernimm Extraaufgaben in einem Meeting, sei freundlich und aufmerksam.

Du wirst in den Tagen vor dem Gespräch mit Argusaugen beobachtet und solltest dir nichts zuschulden kommen lassen.

Natürlich zählt immer deine Leistung aus dem gesamten vergangenen Jahr. Aber indem du dich besonders vor dem Termin zum Beförderungsgespräch von deiner besten Seite zeigst, hilfst du deinem Chef oder deiner Chefin, mehr gute Beispiele deiner Arbeit im Gedächtnis zu haben als schlechte. Vielleicht hast du Glück, und deine aktuelle gute Performance und zuvorkommende Art überlagern mögliche negative Ereignisse, die hoffentlich zurückliegen. Die gute Leistung kann auch ein starkes Argument bei Gegenwind sein, denn du kannst sagen, dass du dich ja geändert hast und an dir arbeitest. Menschen glauben gerne an das Positive und eine Entwicklung. Wenn du dich also hier in gutem Licht präsentierst, so stärkst du deine Position.

Kommen wir zu den praktischen Punkten: Was trägst du am besten zu deinem Termin? Mein bester Freund sagt, dass ein gutes Outfit der halbe Erfolg ist. Du musst nicht zum Model werden, aber Kleidung zu tragen, in der du dich souverän, wohl und sicher fühlst, ist von großem Vorteil. Verkleide dich nicht, bleibe deinem Stil treu, aber wähle etwas, in dem du dich stark fühlst und gleichfalls professionell wirkst. Dein Chef bzw. deine Chefin soll dich schließlich auch visuell in der neuen Position vor sich haben.

Mentale Vorbereitung

Auch der Kopf muss in der richtigen Verfassung für das Gespräch sein. Male dir aus, dass du voller Angst und negativer Gedanken in das Gespräch gehst. Und jetzt stelle dir vor, dass du beim Gespräch selbstbewusst und zuversichtlich bist. Mit welchem Bild im Kopf wirst du wohl erfolgreicher sein?

Für die richtige Einstellung empfiehlt es sich, das Gespräch im Kopf zu visualisieren. Die Visualisierung sollte keine negative Version des Gesprächs und dessen, was passieren kann, sein, sondern die positivste Version, die du dir vorstellen kannst. Male dir im Detail aus, wie dein Chef bzw. deine Chefin positiv reagieren wird, wie alle deine Forderungen erfüllt werden und wie es sich anfühlen wird, zufrieden deine Beförderung entgegenzunehmen. Wieso das funktionieren soll? Mit wohlwollenden und Erfolg versprechenden Gedanken wirst du gelassener und souveräner in das Gespräch gehen. Die Wahrscheinlichkeit, erfolgreich zu sein, ist deutlich höher, als wenn dir negative Bilder durch den Kopf gehen. Denn diese würden dich verunsichern, und du würdest weniger stark verhandeln können. Genauso ist deine positive Stimmung durch die gedankliche Vorbereitung quasi ansteckend und kann sich auf das Gespräch übertragen.

Du wirst mit der richtigen mentalen Einstellung intuitiv die richtigen Sachen sagen und richtig reagieren, um einen positiven Ausgang herbeizuführen.

Abschließend noch ein wichtiges Wort zu der Beziehung zwischen deinem Verhandlungspartner bzw. deiner Verhandlungspartnerin und dir. Wie auch immer die Beziehung ist: Trenne für das Gespräch die Person von der Sache. Mach dich frei von möglichen Bedenken und Zweifeln und geh offen und sachlich in das Gespräch.

Too long; didn't read

- → Setze den Termin zu einer passenden Uhrzeit für den Chef oder die Chefin an, am besten weder direkt zum Start noch zum Ende der Woche.
- → Wende dich zuerst an den nächsten Vorgesetzten oder die nächste Vorgesetzte. Falls dieser oder diese nicht zu einer Beförderungsentscheidung befugt ist, bitte um Rat und mache ihn oder sie so zum Mentor bzw. zur Mentorin und Verbündeten.
- → Zeige dich das ganze Jahr über, aber besonders direkt vor dem Termin, von der besten Seite. Sei sehr zuvorkommend gegenüber dem Chef oder der Chefin.
- → Wähle deine Kleidung passend zur Position, in die du befördert werden möchtest.
- → Visualisiere das Gespräch vorab positiv, um entspannt und souverän aufzutreten.
- → Trenne zwischen Person und Sache.

6. Vorbereitung der Argumente und Steigerung deiner Sichtbarkeit

(Lesedauer: 18 Minuten)

Deine Vorbereitung ist der halbe Sieg. Denke also positiv und sieh die Arbeit daran als Chance anstatt als lästige Pflicht. Je umfassender du deine Position, deine Erfolge und Qualifikationen reflektierst und sammelst, umso besser wirst du dein Anliegen überzeugend präsentieren. Zudem hilft es dir, für mögliche schwierige Situationen gewappnet zu sein.

Damit du optimal auf das Gespräch vorbereitet bist, solltest du die wichtigsten Informationen zu deiner Arbeit und deiner Person sammeln sowie in Kürze den Markt und deine Alternativen recherchieren. Auf diese Weise kannst du deine Argumente definieren und bestens vorbereitet in den Austausch gehen.

Folgende Themen sollten vorbereitet werden:

1. Erfolge dokumentieren
2. Feedback einsammeln
3. Qualifikationen dokumentieren
4. Argumente vorbereiten
5. Gehaltsrecherche betreiben
6. BATNA definieren
7. Über die eigene Leistung sprechen

Erfolge dokumentieren

Es ist von Vorteil, dass du dir angewöhnst, deine Erfolge in einem Erfolgstagebuch festzuhalten. Denn oft vergisst man schnell die positiven Ereignisse und hat dann Schwierigkeiten, alle erfolgreich abgeschlossenen Aufgaben für das Beförderungsgespräch zusammenzustellen. Es lohnt sich daher, für diverse Anlässe alle Erfolge und erfolgreichen Abschlüsse zu dokumentieren.

Als Erfolgstagebuch kannst du eine digitale Notiz nutzen, in die du alle positiven Ergebnisse deiner Arbeit mit Datum und den wichtigsten Stichpunkten einträgst.

Zusätzlich ist es ebenso wichtig und bedeutend, in Vorbereitung für deinen Austausch mit deinem Chef oder deiner Chefin jedes Lob zu dokumentieren. Das Lob von deinen direkten Vorgesetzten ist dafür relevant, aber genauso das von Kollegen/Kolleginnen, Partnern/Partnerinnen oder Kunden/Kundinnen. Besonders wirkungsvoll für die Gehaltsverhandlung ist das Lob von Vorgesetzten, die hierarchisch über deinem direkten Chef bzw. deiner direkten Chefin angesiedelt sind. Genauso wichtig wird deinem Chef oder deiner Chefin das positive Feedback von Kunden und Kundinnen sein. So merkt er bzw. sie, wie wertvoll du für das Unternehmen bist.

Neben deinem Erfolgstagebuch ist es auch bedeutend, regelmäßig deine Stärken, Qualitäten und Qualifikationen festzuhalten. Wann immer du etwas Neues lernst, dich weiterbildest oder Wissen zu einem weiteren Fachbereich erlangst, steigert dies deinen Marktwert.

Reflektiere zur Sammlung deiner Qualitäten und Stärken Beispiele, in denen du erfolgreich warst und besondere Leistungen erbracht hast. Wurde etwa ein Projekt unter deiner Leitung erfolgreich umgesetzt, oder hattest nur du die Soft Skills, um einen verärgerten Lieferanten wieder auf Spur zu bringen? Oder hast du eine tolle Planung und Timeline vorbereitet, die dem gesamten Team geholfen hat? Was auch immer es ist, was du individuell beigetragen hast, halte es fest. Dies hilft dir im Gespräch, deine persönlichen Stärken zu zeigen.

Manchmal neigen wir dazu, zu denken, dass jeder an unserer Stelle den Job genauso gut machen könnte, und sehen unsere individuellen Stärken nicht. Dem gegenüber ist es so leicht, die eigenen Schwächen zu sehen – ein typischer Fehler. Konzentriere dich voll und ganz auf deine individuellen Vorzüge für das Beförderungsgespräch, denn sie machen dich einzigartig und wertvoll für deine Firma.

Um überzeugend argumentieren zu können, ist es besonders wirksam, wenn du deinen Erfolg in Zahlen belegen kannst. Etwa so: Die Produktivität wurde um 5 Prozent gesteigert, oder Kosten wurden um 2000 Euro durch deine Arbeit gesenkt. Zahlen sind konkret und messbar und eignen sich daher besonders, um deinem Chef bzw. deiner Chefin Gründe zu geben, weshalb er bzw. sie dich befördern sollte.[15]

Vorlage Erfolgstagebuch

Das Erfolgstagebuch dient als Sammlung von Argumenten für das Beförderungsgespräch.

- Dokumentiere besondere Aufgaben, Verbesserungen und deine Leistungen. Dazu solltest du erfolgreiche Projekte und Ergebnisse deiner Arbeit festhalten. Tätigkeiten, die über deinen eigentlichen Aufgabenbereich hinausgehen, sind ebenso wichtige Argumente für spätere Beförderungsgespräche.
- Ganz besonders interessant sind deine individuellen Stärken und Qualifikationen und wie du diese in deiner Arbeit für die Firma einbringst.
- Achte bei den Erfolgen besonders darauf, genau den Aspekt herauszustellen, der von Vorteil für die Firma ist.

In meiner Rolle als Co-Geschäftsführerin lernte ich, dass viele Mitarbeitende den Erfolg ihrer Projekte aus ihrer eigenen Perspektive sahen, nicht aus der Perspektive der Firma. So arbeitete ein

Vorlage für das Erfolgstagebuch

Datum	Erfolg	Mehrwert für die Firma
Dez. 2023	Abschluss von Projekt …	5 % Verbesserung Dauer und Kosten
Juni 2024	Positives Kundenfeedback	Kundenbindung
…	…	…

Quelle: Eigene Darstellung

Kollege sehr sorgsam und genau an einem Projekt, bei dem es für die Firma egal war, wie sorgsam er arbeitete – die Effizienz war viel wichtiger. Oder um es noch genauer zu beschreiben: Manche waren besonders stolz auf ein Projekt, welches ihnen am Herzen lag. Für mich und die Firma war aber eines ihrer anderen Projekte viel wichtiger, denn dieses brachte uns wichtige Einnahmen.

Versuche also, die Perspektive deiner Vorgesetzten einzunehmen, und überlege, welcher Erfolg und welcher Aspekt des Erfolgs besonders wichtig waren. Im Idealfall sollte der Mehrwert für die Firma möglichst messbar gemacht werden. Hast du auch Aufgaben deiner Kolleginnen und Kollegen übernommen? So gib bitte an, in welchem Umfang du dadurch das Team entlasten konntest. Auch wenn du täglich deine anfallenden Aufgaben fristgerecht abarbeitest, kann dies als kleiner Erfolg festgehalten werden.

Wenn du bisher noch keine gesamten Projekte abschließen konntest, so konzentriere dich auf die Teilbereiche, an denen du gearbeitet hast, und werde einfach kleiner in deinen Beispielen.

Feedback einsammeln

Eine weitere Methode, um herauszufinden, was deine persönlichen Stärken sind und welche Bereiche noch ausgebaut werden sollten, ist, deine Kollegen und Kolleginnen zu befragen. Du kannst sie mündlich oder mit einer E-Mail um Feedback bitten. Das Schöne an diesem Feedback ist, dass du selbst entscheidest, was du damit tust und ob du es mit deinem oder deiner Vorgesetzten teilst.

Im Grunde kannst du alle, mit denen du bisher zusammengearbeitet hast, via E-Mail nach einem Feedback fragen. Die Antworten kannst du dann unterteilen: Ist das Feedback sehr gut, so kannst du die Person bitten, das Feedback auch mit deinem Chef oder deiner Chefin zu teilen. Ein einfacher Gefallen, und du kannst dein Gegenüber zusätzlich damit motivieren, indem du anbietest, dasselbe im Gegenzug zu tun.

Ist das Feedback sowohl positiv als auch negativ, so bietet es sich an, sich zu bedanken und dann für dich zu beurteilen, ob du die Kritik annehmen und daran arbeiten möchtest. Ist das Feedback negativ, was sehr unwahrscheinlich ist, so solltest du sofort das Gespräch mit dem entsprechenden Kollegen oder der Kollegin suchen und gemeinsam überlegen, wie ihr besser zusammenarbeiten könnt.

Das Feedback deiner Kollegen und Kolleginnen ermöglicht dir, deine Stärken und Schwächen von außen zu reflektieren. Eine wichtige Ergänzung zu deiner Selbsteinschätzung!

- Positives Feedback: an den oder die Chefin weitergeben
- Gemischtes Feedback: annehmen und bearbeiten oder Gespräch suchen
- Negatives Feedback: Konflikt beheben und Gespräch führen

Ergänzend solltest du das positive Feedback in deine Liste zu deinen persönlichen Stärken und Qualifikationen aufnehmen.

Der Nutzen daran, auch negatives Feedback zu sammeln, ist, dass du damit im späteren Gespräch mit deinem Chef oder deiner Chefin gut vorbereitet bist. Weder wird dich Kritik aus dem Konzept bringen können, da dir diese bereits bekannt ist, noch kann es deine Argumentation schwächen, denn du kannst sicherlich nachvollziehbar aufzeigen, welche Schritte du eingeleitet hast, um diesen Aspekt zu verbessern. Eine sehr wirkungsvolle Antwort, die die Kritik aushebeln wird.

Spricht dein Chef oder deine Chefin Beschwerden über dich an, so hast du vielleicht schon das Gespräch mit der entsprechenden Person gesucht. Besser kannst du deinem oder deiner Vorgesetzten nicht zeigen, wie verantwortungsvoll und proaktiv du mit Problemen umgehst. Du drehst etwas Negatives, die Beschwerde, in etwas Positives, denn du löst das Problem aus eigener Initiative und zeigst so, was für ein wertvoller Mitarbeitender du bist.

Qualifikationen dokumentieren

Deine Qualifikation setzt sich aus verschiedenen Punkten zusammen. Zum einen ist es die Expertise, die du in deinem Bereich hast. Sie basiert auf deiner Ausbildung und wurde dann mit Berufserfahrung angereichert. Je mehr Erfahrungen du sammeln konntest, desto mehr Expertise bringst du mit.

Außerdem zählt zu deiner Expertise alles, was du zusätzlich gelernt hast. Dies kann durch Kurse oder Weiterbildungen geschehen sein. Aber auch die Wissenserweiterung durch Newsletter von branchenführenden Medien, Podcasts, Artikel oder Bücher zu Trends und neuen Techniken stellt eine weitere Qualifikation dar.

Dich über verschiedene Medien weiterzubilden hilft dir, immer up to date zu sein, und ist ein einfach gesammelter Bonuspunkt für jedes Gespräch zu deiner Expertise.

Was du ebenso unter Expertise geltend machen kannst, sind Dinge, die du in Projekten gelernt hast. Etwa wenn du einen Teil des Projekts selbst geleitet, wenn du neue Aufgabenfelder bearbeitet hast und dich mit neuen Themen machen konntest.

> Erstelle deine eigene starke und aussagekräftige Expertise- und Qualifikationen-Liste. Nimm dir hierfür ein Papier und trage folgende Punkte ein:
>
> 1. Deine Grundausbildung(en) ______ (Studium, Ausbildung, Volontariat, Trainee)
> 2. Weiterbildung(en) ______ (Trainings, Weiterbildungen, Zertifikate)
> 3. Praktische Erfahrung(en) ____ (Projektleitung, eigenständiges Steuern eines Projekts, Steuern anderer Mitarbeitender, neue Aufgabenfelder etc.)
> 4. Weitere Initiativen, um dein Wissen auf dem neuesten Stand zu halten _______ (Newsletter, Podcasts, Bücher, Magazine etc.)
>
> Highlighte nun diejenigen Expertisen und Qualifikationen, die seit deiner Einstellung oder letzten Beförderung neu hinzugekommen sind. Besonders diese kannst du im Gespräch geltend machen. Auf die anderen kannst du verweisen, wenn es um deine grundsätzlichen Qualifikationen geht.

Schau dir ein paar YouTube-Tutorials an zu Themen, die für deine Arbeit wichtig sind. Dies kann sofort als weitere Qualifikation aufgelistet werden.

Argumente vorbereiten

Jetzt ist es an der Zeit, deine Argumente zu sammeln, um aufzuzeigen, dass du für die höhere Position qualifiziert bist. Es bietet sich an zu prüfen, ob dein Unternehmen interne Dokumente oder Leitfäden hat, die die Aufgabenbereiche und Fähigkeiten der nächsthöheren Position beschreiben. In vielen großen Unternehmen sind diese Informationen klar definiert und können über das HR-Portal abgerufen werden. Mithilfe dieser Dokumente und Kriterien kannst du deine Qualifikationen abgleichen und deinem oder deiner Vorgesetzten zeigen, dass du bereits alle Aspekte der nächsthöheren Position erfüllst. Hat deine Firma dies nicht, so suche frühzeitig nach Anhaltspunkten in Gesprächen mit deinen Vorgesetzten oder recherchiere online vergleichbare Stellenanzeigen der Position, die du anstrebst. So siehst du, welche Qualitäten und Fähigkeiten du mitbringen solltest.

Um eine Beförderung sicher zu erlangen, ist es ratsam, die Anforderungen der zukünftigen Position bereits erfüllen zu können. Du solltest schon heute sämtliche Aufgaben ausführen und Fähigkeiten demonstrieren. Auf diese Weise gibt es weniger Gegenargumente, wenn du die Beförderung anstrebst. Einige Aufgaben können jedoch schwer im Voraus geübt werden, wie etwa das Managen eines Teams, ohne dass man offiziell die Managerposition innehat. In diesem Fall kannst du deine Management-Fähigkeiten aber bereits im Projektmanagement zeigen oder indem du beginnst, als Mentor für junge Kollegen zu fungieren. So stellst du deine Teamlead-Fähigkeiten an einer vergleichbaren Aufgabe unter Beweis.

Dass du das höhere Stellenprofil bereits ausfüllst, bildet die Grundlage für das Gespräch.

Darüber hinaus solltest du sämtliche Vorteile sammeln, die das Unternehmen durch dich und deine hervorragende Arbeit hat. Folgendes eignet sich besonders gut:

- *Zusätzliche Aufgabenbereiche und Qualifikationen:* Hast du dir etwa weitere Fähigkeiten angeeignet und übernimmst Aufgaben über deine Position hinaus, und sei es nur so etwas Simples wie Fotos auf der Weihnachtsfeier machen, so lohnt es sich, diese weiteren Aufgaben und Qualifikationen zu nennen. Jede Firma braucht Teammitglieder, die über den Tellerrand hinaus Initiative und Engagement zeigen. Dein Drive zahlt sich direkt aus, wenn du ihn benennen kannst und im Beförderungsgespräch in den Ring wirfst.

- *Einsparungen:* Hast du eine Agentur überflüssig gemacht oder den Wechsel zu einer günstigeren initiiert? Oder hilfst du, Geld zu sparen, indem du besonnen mit deinen Ausgaben umgehst? Das schafft nicht jeder Mitarbeitende, und deine Firma wird dieses wirtschaftliche Verhalten zu schätzen wissen. Ein weiteres Argument also auf deiner Liste.
- *Höhere Einnahmen:* Hast du Kunden gewonnen oder das Auftragsvolumen von Kunden erhöhen können? Egal in welcher Branche dein Unternehmen operiert, die Einnahmen können immer auch durch smarte Mitarbeitende gesteigert werden. Solltest du dazu beigetragen haben, herzlichen Glückwunsch. Dein Arbeitgeber bzw. deine Arbeitgeberin wird dies sicher zu schätzen wissen.

Vergleichbare Gehälter und Positionen recherchieren

Nimm dir auch etwas Zeit, um die Gehälter von vergleichbaren Positionen zu recherchieren. Hier kannst du zum einen dein persönliches Netzwerk nutzen. Frage Freunde und Bekannte, was sie darüber wissen, wie viel man in der nächsthöheren Position verdienen kann. Ebenso solltest du das Internet nutzen. Viele Seiten bieten Informationen über vergleichbare Gehälter.

Wenn du vergleichbare Gehälter in Erfahrung gebracht hast, so solltest du jetzt dein aktuelles Gehalt notieren und all die anderen Gehälter, die du recherchiert hast. Welche Bezahlung wünschst du dir nach dem Gehaltsgespräch? Welche Summe möchtest du erreichen?

Lege basierend auf deinen Rechercheergebnissen Minimal- und Maximalforderung fest.

Die Maximalforderung bildet den Start eurer Verhandlung. Vermutlich wirst du sie nicht erreichen, sondern 10 Prozent darunter landen. Die Minimalforderung definiert deine rote Linie, unter der du nicht auf eine Einigung eingehst.

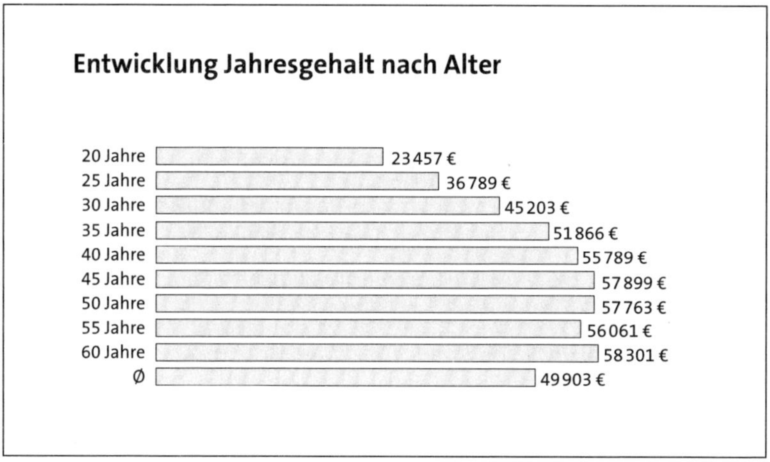

Quelle: Gehalt.de, Statista, 2017. 217 867 Fach- und Führungskräfte in Deutschland[16]

Für die Maximalforderung solltest du überlegen, welche Zahl sich für dich verrückt, aber noch glaubwürdig anfühlt. Sagen wir, du verdienst aktuell 45 000 Euro im Jahr und möchtest in Zukunft 58 500 Euro verdienen. Ein riesiger Sprung, aber auch nicht so weit entfernt, dass es gänzlich unrealistisch ist. Ich habe gelernt, dass man auf die Zahl, die man spontan im Kopf hat, immer noch eine Schippe drauflegen sollte. Dies ist schließlich deine Maximalforderung, von der aus eure Verhandlung beginnt. Es kann gut sein, dass du nicht die gesamte Summe erhältst. Um also noch Puffer zum Verhandeln zu haben, solltest du dich trauen, etwas mehr zu verlangen.

Ist die Maximalforderung definiert, so gilt es, deine persönliche Untergrenze ebenfalls im Vorfeld festzulegen. Dies ist deine Minimalforderung; solltest du diese Summe nicht erreichen, gilt es zu überlegen, ob und wie du mit deinem Chef oder deiner Chefin eine Einigung findest.

Die Grafik zur Gehaltsentwicklung in Deutschland hilft dir vielleicht, dich einzuschätzen und orientieren zu können. Noch wichtiger ist es aber, im Internet nach Gehältern in deiner Berufsgruppe und deiner

Position zu recherchieren. Auch die Stadt, in der du lebst, kann Einfluss auf dein Gehalt haben.

Julia Krempin, Chefredakteurin des Business Punk-*Magazins, erzählt von ihren Erfahrungen bei einer Gehaltsverhandlung. Nach ihrem Wechsel von einer Agentur zurück in den Journalismus wurde ihr Wunschgehalt zunächst abgelehnt. Obwohl sie eigentlich darauf bestehen wollte, ihren Preis zu bekommen, ließ sie sich schließlich auf den angebotenen Betrag ein. Wenige Monate später erfuhr sie jedoch von ihrem Chef, dass sie hätte nachverhandeln können und sollen. Er gab ihr den Tipp, niemals den ersten Gegenvorschlag anzunehmen, sondern immer nachzuverhandeln. Julia betont, dass es wichtig ist, selbstbewusst und mit klaren Argumenten in die Verhandlung zu gehen und sich nicht von der ersten Ablehnung entmutigen zu lassen.*

Zusätzlich betont Julia Krempin aber auch, wie wichtig es ist, realistische Erwartungen zu haben und sich über die Gehaltsstrukturen in der Branche zu informieren. Sie sagt: »Teilweise sind komplett irre Summen in CVs bei Bewerbern und Bewerberinnen, wo ich mich frage, ob die Kandidaten und Kandidatinnen sich vorher informiert haben, was die branchenüblichen Gehälter sind.«

BATNA definieren

Vor der Verhandlung sollte außerdem dein BATNA durchdacht werden. BATNA steht für »Best Alternative to a Negotiated Agreement« und ist bekannt aus dem Buch »Das Harvard-Konzept« von Roger Fischer, William Ury und Bruce Patton. Die drei Autoren haben Verhandlungen analysiert und prägen die Grundidee, dass wir immer über eine Summe an Dingen verhandeln sollten, anstatt uns nur auf das eine Offensichtliche zu konzentrieren. Sie sagen, dass jeder Verhandlungspartner diverse Bedürfnisse oder Wünsche hat, wir uns aber zu häufig nur auf das eine, welches Verhandlungsgegenstand ist, konzentrieren. Hier geraten wir in eine Pattsituation und kommen nicht weiter, denn entweder

Partei A oder B gewinnt das Duell. Wenn wir aber mithilfe von BATNA auch all die anderen Aspekte einbeziehen, die uns oder die Gegenseite zufriedenstellen würden, so können wir erfolgreicher verhandeln. Das Ergebnis kann so eine Win-win-Situation sein.[17]

Dein BATNA sind Alternativen zu deiner Beförderungsforderung, die dich ebenso zufrieden stimmen würden.

Beispiele für solche Alternativen: flexiblere Arbeitszeit, mehr Autonomie in deinen Aufgaben, was auch immer dich ebenso zufrieden machen würde.

Konkret kannst du BATNA nutzen, um zu definieren, was deine beste Alternative ist, solltest du dich nicht mit deinem Chef oder deiner Chefin auf dein Wunschgehalt oder die angestrebte Position einigen. Gehst du dann zurück an die Arbeit und probierst es im nächsten Jahr erneut? Oder hast du bereits ein Angebot von der Konkurrenz und wechselst in dem Fall das Unternehmen? Oder kann dir dein Chef oder deine Chefin etwas anderes bieten, was dich ebenso zufriedenstellen würde?

Dein BATNA definieren

- Nimm ein Blatt Papier und zeichne zwei Spalten ein.
- Notiere in der ersten Spalte alles, was dich neben einer Beförderung erfreuen würde.
- Notiere in der zweiten Spalte, was du glaubst, was dein Gegenüber erfreuen könnte, also was du neben deiner Leistung und deinen Erfolgen anbieten kannst.

Dein BATNA ist wichtig, denn es kann deine Position in der Verhandlung ungemein stärken oder schwächen. Hast du eine Alternative, die ebenso gut wie die geforderte Beförderung ist, so kannst du gelassen in das Gespräch gehen. Hat dein Chef oder deine Chefin außerdem keine Kollegen, die deine Position zeitnah ausfüllen können, so ist sein/ihr

BATNA geschwächt. Ist die Situation aber anders, und ein Kollege oder eine Kollegin wartet nur darauf, in deine Fußstapfen zu treten, so könnte dein Chef oder deine Chefin sich am längeren Hebel wähnen und deutlich härter in der Verhandlung agieren.

Wenn du das BATNA vorbereitest und bemerkst, dass dein Chef oder deine Chefin stärkere Karten haben könnte, so solltest du dich darauf vorbereiten, die Alternative deines Chefs oder deiner Chefin zu schwächen. Sagen wir, dein Unternehmen kann deine Position durch Agenturen oder andere Mitarbeitende leicht ersetzen, so könntest du Zweifel äußern, dass die Personen oder Agenturen den komplexen Aufgaben gewachsen sind. Ist deine Position direkt im Verkauf, so könntest du von einbrechenden Umsätzen sprechen, wenn deine Erfolge fehlen. Ziel ist es, deine Position zu stärken und die Kräfte des Gesprächs zu deinen Gunsten zu lenken.

Über deine Leistung sprechen

Ein weiterer Aspekt, den du dir von nun an angewöhnen solltest, ist, über deine Leistung zu sprechen. Gewöhne dir an, immer wenn du mit deinen Vorgesetzten zusammenkommst, eine kleine Zusammenfassung dessen zu geben, was du erreicht hast oder woran du arbeitest. Lerne, deine Leistung möglichst konkret zusammenzufassen. So bietet es sich an, am Ende eines Projekts dieses auszuwerten und deinem Chef oder deiner Chefin mitzuteilen, was du persönlich erreicht hast. Nicht nur das Hauptergebnis, sondern auch Teilergebnisse, wie dass etwa 30 Prozent weniger Ressourcen genutzt wurden oder die Zeit für die Umsetzung von drei auf zwei Monate reduziert werden konnte.[18] Wenn deine Vorgesetzten bestens über deine Tätigkeit informiert sind, werden sie deine Arbeit mehr zu schätzen wissen, als wenn sie nichts darüber wissen.

In ihrem Buch »Schrei Kikeriki, wenn du ein Ei legst: 10 Goldene Erkenntnisse, wie Frauen sich im Berufsleben besser verkaufen« beschreibt Ingeborg Rauchberger anschaulich, dass nur diejenigen vorankommen, die lernen, über ihre Erfolge zu sprechen. Der größte Fehler ist, darauf zu warten, dass die eigene Leistung einfach so, ohne deinen Hinweis gesehen wird.

Gewöhne dir an, jede Chance zu nutzen, um deinem Chef oder deiner Chefin kurz von deinen aktuellen Leistungen, Erfolgen oder Aufgaben zu berichten.

Wiederhole dich dabei nicht oder verzettle dich nicht in für deine Vorgesetzten irrelevanten Informationen. Überlege genau, welche Informationen für sie interessant sind, und nenne diese.

Dein Gegenüber nicht überschätzen

Besonders junge Arbeitnehmer und Arbeitnehmerinnen neigen dazu, ihre Gegenüber als mächtig zu empfinden und ihnen viel mehr Autorität und Wissen zuzusprechen, als er oder sie vielleicht hat.

Ich erinnere mich, dass ich dachte, mein damaliger Chef weiß genau Bescheid über meine Stärken und Schwächen, kennt meinen Lebenslauf auswendig und weiß, was ich verdiene. Doch je größer Teams sind, umso weniger kennen sich die Vorgesetzten in der Regel mit jedem einzelnen Profil aus. Sogar als ich selbst in der Führungsposition eines vergleichsweise kleinen Teams war, musste ich immer wieder nachsehen und mich über die wichtigsten Eckpunkte und Daten informieren.

In deinen Gesprächen mit deinen Vorgesetzten solltest du also die wichtigsten Informationen über dich ruhig wiederholen. Dein Chef oder deine Chefin wird dir signalisieren, wenn ihm oder ihr die Punkte bekannt sind. Der schlimmere Fall wäre, wenn du denkst, es sei bekannt, und nicht daran erinnerst. Dann kann es gut sein, dass die Punkte nicht bedacht werden, und du verschenkst wichtige Begründungen, die für deine Beförderung sprechen.

Möglicherweise weiß dein Chef oder deine Chefin nicht so genau über dich und deine Kompetenzen Bescheid. Er bzw. sie ist dir aber nicht grundsätzlich überlegen. Vielleicht ist er bzw. sie auch aufgeregt, gestresst und unter Druck und fühlt sich genauso wie du.

Als ich die Position gewechselt habe und bei Gehaltsverhandlungen und Beförderungen auf der anderen Seite des Tisches saß, habe ich mich nicht so gefühlt, wie ich all die Jahre davor meine Gegenüber empfunden habe. Ganz im Gegenteil – ich musste mich genauso vorbereiten und mich auf das Anliegen meines Gegenübers einlassen.

Too long; didn't read

→ Dokumentiere Erfolge, aber auch persönliche Leistungen das ganze Jahr über in einem Erfolgstagebuch.

→ Sammle Feedback von direkten Kollegen und Kolleginnen ein. Positives Feedback kannst du direkt weitergeben, bei Kritik solltest du das Gespräch mit der Person suchen.

→ Du solltest das Profil der Position, in die du befördert werden möchtest, bereits heute ausfüllen.

→ Betreibe Gehaltsrecherche über Freunde und Freundinnen sowie online, um deine Forderung zu definieren.

→ Überlege außerdem, was deine Alternative zur Beförderung für dich ist und was für die Gegenseite alternative gute Ergebnisse sein könnten. Diese Punkte kannst du als alternative Verhandlungsmasse nutzen, wenn dein Kernziel in Gefahr ist.

→ Gewöhne dir an, regelmäßig deinem Chef oder deiner Chefin von deiner Leistung zu erzählen. Konzentriere dich auf all die Informationen, die für deinen Vorgesetzten oder deine Vorgesetzte interessant sind, und sei möglichst konkret.

7. Schwächen in Stärken umwandeln

(Lesedauer: 11 Minuten)

Wir alle haben Schwächen, auch deine Vorgesetzten und jeder Karriere-Überflieger. Doch wer schlau ist, weiß richtig mit diesen Schwächen umzugehen und sie im Kontext der Beförderung vielleicht sogar umzuinterpretieren. Du kannst mit deinen Schwächen erfolgreich sein, wenn du deine Perspektive änderst und lernst, deine Makel neu zu definieren.

Schwächen identifizieren und für dich nutzen

Schwächen sind so unterschiedlich wie wir alle.

- Angst vor Präsentationen
- Chaotisches Agieren
- Vergesslichkeit
- Schlechtes Namensgedächtnis
- Nervosität
- Nicht Nein sagen können
- Zu direktes Wesen
- Zu starkes oder schwaches Durchsetzungsvermögen
- Neigung, alles an andere zu delegieren
- Wenig Berufserfahrung
- Ruhiges oder zurückhaltendes Wesen
- Gutmütigkeit
- Hang, zu viel gleichzeitig erledigen zu wollen

Schwächen und Stärken: Beispiel einer Kompetenzmatrix

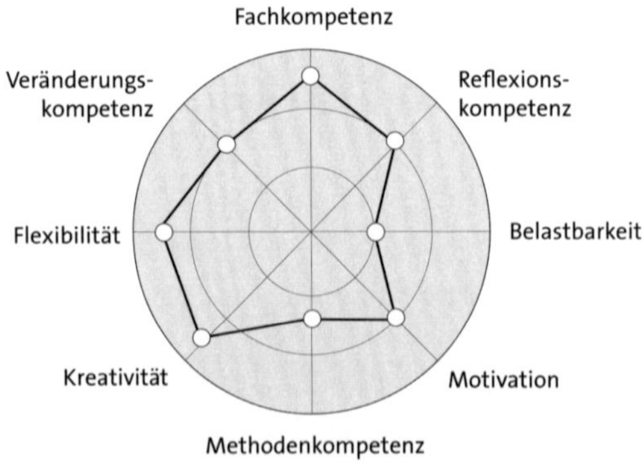

Quelle: Eigene Darstellung

- Zu viel Ehrgeiz
- Zu viel Kreativität
- Lücke im Lebenslauf
- Aversion gegen Telefonieren

Die Kompetenzmatrix kann dir helfen einzuordnen, wo deine Schwächen und Stärken liegen. Du kannst dies als Vorlage nehmen und dir deine eigene Kompetenzmatrix mit den für dich und deine Karriere relevanten Kompetenzen skizzieren.

Hast du je darüber nachgedacht, dass viele Schwächen nicht nur eine negative, sondern auch eine positive Seite haben? Eine Person, die chaotisch ist, ist daneben vielleicht sehr begabt in ihrer Intuition, kreativ und energiegeladen. Es gilt also, das Gegenstück der Schwäche zu betrachten und den entsprechenden Vorteil für die Firma herauszuarbeiten. Klarheit über die eigenen Schwächen zu haben, ermöglicht dir später, Kritik elegant auszuhebeln.

Marianne Palma Calderón, Expert Associate Partnerin bei McKinsey & Company, betont, dass junge Arbeitnehmer und Arbeitnehmerinnen heute über Schlüsselkompetenzen verfügen sollten, wie die Fähigkeit, die eigenen Grenzen wahrzunehmen und sich damit auseinanderzusetzen. Ebenso sollten sie in der Lage sein, Probleme zu erkennen, zu diskutieren und anzugehen, um dadurch Durchsetzungsvermögen und Selbstbewusstsein zu entwickeln. Um erfolgreich zu sein, ist es wichtig, keine Angst vor neuen Herausforderungen zu haben und bereit zu sein, sich mit Unbekanntem auseinanderzusetzen. Denn gerade außerhalb der Komfortzone können individuelle Stärken entdeckt werden, die einen einzigartig machen.

Schwächen in Stärken umwandeln

1. Nimm ein Blatt Papier und sammle deine Schwächen. Liste alles auf, was dir einfällt.
2. Füge Kritik von deinem Umfeld hinzu: Welche Punkte wurden in der Vergangenheit von deinen Kollegen und Kolleginnen oder Vorgesetzten angemerkt? Was sind Kritikpunkte, die du manchmal hörst? Welches Feedback hast du in deiner bisherigen Berufslaufbahn erhalten?
3. Sammle mögliche Fehler: Als Letztes bitte ich dich, deine Liste mit Fehlern oder möglichen Beispielen zu ergänzen, wo etwas nicht gut gelaufen ist. Hast du etwa eine Deadline verpasst, vergessen, Infos mit einem Kollegen oder einer Kollegin zu teilen? Dieser Punkt geht zwar über deine Schwächen hinaus, wird dir aber helfen, für das Gespräch mit deinem Chef oder deiner Chefin bestens vorbereitet zu sein.

Schau dir deine Liste nun an. Welches sind aus deiner Perspektive die wichtigsten Punkte? Welches sind deine bedeutendsten Schwächen? Besonders die Punkte, die Kollegen und Kolleginnen und, noch wichtiger: deine Vorgesetzten angemerkt haben, sollten deine Beachtung finden. Denn in der Regel sind dies die Schwächen, die dein Umfeld am stärksten registriert, die am ehesten zur Sprache kommen.

Ich hatte eine Kollegin, die dafür bekannt war, unorganisiert zu sein. Das Team merkte dies schnell, denn wenn jemand unorganisiert ist, so fällt dies in der Regel schnell auf, besonders in der Zusammenarbeit. Es war immer wieder ein Kritikpunkt der Kollegen und Kolleginnen ihr gegenüber. Was viele nicht damit in Zusammenhang brachten, waren ihre Stärken. Sie hatte eine sehr gute Intuition, konnte fantastisch kommunizieren und war die Talentierteste, wenn es darum ging, starke Texte zu verfassen. Auch wenn es ihr an Organisation und Planungskompetenzen mangelte, so überwogen die Stärken deutlich.

Ihr Chef sorgte daraufhin dafür, dass sie wöchentlich Reports und Planungen aufstellen musste. Dies half ihr, organisierter zu werden, auch wenn es ihr keine Freude bereitete. Ihre Stärken aber lernte sie ebenso auszuspielen und zu betonen, sodass weniger ihre Schwächen bei den Kollegen und Kolleginnen hängen blieben, sondern viel mehr ihre Stärken.

Sobald wir Klarheit über unsere Schwächen haben, können wir sie einfach überwinden.

Es gibt drei Wege, mit Schwächen umzugehen:

- Schwächen bearbeiten, sodass sie keine Schwächen mehr sind
- Schwächen hinter Stärken verschwinden lassen
- Schwächen zu Stärken wandeln

Schwächen bearbeiten, sodass sie keine Schwächen mehr sind

Wie meine Kollegin, die von ihrem Chef zu einer gewissen Organisation verpflichtet wurde, so kannst du durch Systeme, Trainings oder Übungen an deinen eigenen Schwächen arbeiten.

In meiner beruflichen Laufbahn habe ich viele meiner Schwächen besonders intensiv wahrgenommen und mich viel über sie geärgert. Beispielsweise neige ich dazu, in einem neuen Umfeld den

Raum und die anderen zuerst zu beobachten, bevor ich das Wort ergreife. Das führte dazu, dass mir immer wieder Führungskompetenz abgesprochen wurde. Im Gegensatz zu manchen Kollegen, die sofort ihre Meinung äußerten, konnte ich dadurch aber Kunden und Partner besser lesen und starke Beziehungen aufbauen, während die vorlauten Kollegen/Kolleginnen zahlreiche Fettnäpfchen mitnahmen oder voreilig falsche Schlüsse zogen. Das sahen meine Vorgesetzten aber nicht, und ich wurde als zu ruhig eingestuft.

Hier musste ich also an mir arbeiten. Ich habe Artikel zu dem Thema gelesen und meinen Coach dazu befragt. Zusammen übten wir dann verschiedene Formen, wie ich in neuen Situationen souverän und selbstbewusst auftreten konnte. Es dauerte ein wenig, bis ich meinen Stil gefunden hatte. Manches fühlte sich nicht authentisch an, daher konnte ich mir nicht vorstellen, mich so zu verstellen. Doch als ich meinen Stil gefunden hatte, fielen mir die Situationen leichter. Ich merkte aber auch, dass ich dies wie einen Muskel immer wieder trainieren und in der Praxis anwenden musste, sonst kam ich aus der Übung.

Nicht alle Schwächen eignen sich dafür, bearbeitet zu werden. Doch Wissen, Organisationsfähigkeit und Nervosität können durchaus verbessert werden.

Betrachte die Liste deiner Schwächen und markiere jene, die du bearbeiten möchtest. Dann überlege, wie du die jeweiligen Probleme angehen kannst.

Zur Inspiration ein paar Ideen, was du tun kannst:

- Artikel zu dem Problem lesen und die Tipps anwenden
- Dich überwinden, dich der Situation/Aufgabe drei Mal aussetzen und jedes Mal besser werden
- Einen Coach suchen, der dir bei dem Thema hilft
- Freunde um Feedback und Hilfe bitten
- Ein Arbeitstagebuch führen, in dem du deinen Fortschritt zu der Schwäche dokumentierst und was du dafür tust

Es ist wichtig, dass du dir nicht zu viel auf einmal vornimmst. Manchmal neigen wir dazu, bei zu ambitionierten Aufgaben gar nicht erst anzufangen. Deshalb solltest du die Hürde niedrig halten und Aufgaben wählen, die einfach und machbar sind. Auf diese Weise kannst du sie problemlos in deinen Arbeitsalltag integrieren.

Schwächen hinter Stärken verschwinden lassen

Du hast Schwächen, die du schwer ändern kannst, die vielleicht auch keine Stärke werden können? Dann solltest du diese Schwächen so positionieren, dass sie hinter wichtigeren Stärken verschwinden können. Wie meine Kollegin, die schlecht in der Organisation war, aber den Fokus auf ihre Stärken, die deutlich überwogen, gelenkt hat. Ideal sind dafür besonders solche Stärken, die die Schwäche für dein Umfeld verschwinden lässt.

> Markiere nun alle Schwächen, die du hinter deinen Stärken verschwinden lassen willst.

Wenn dein Chef oder deine Chefin auf diese Schwächen zu sprechen kommt, so können mögliche Antworten von dir sein:

✓ »Ja, mir fehlt es an Erfahrung als Manager, aber dafür besitze ich sehr gute Kommunikations-Skills, bin beliebt bei Kollegen und Vorgesetzten und habe eine gute Intuition im Umgang mit Teams in der Vergangenheit gezeigt.«

Oder:

✓ »Ja, ich mache häufig kleine Pausen, dafür kann ich aber besser neue Ideen entwickeln, zeige Kreativität und schreibe die interessantesten Texte, denn die Pausen helfen mir, erfrischt zu sein und mich besser konzentrieren zu können.«

Oder:

✓ »Es mag scheinen, dass ich nicht konsistent an Projekten arbeite, dafür bin ich diejenige, die die interessantesten Ideen einbringt, neue Projekte anstößt und kreative Konzepte entwickelt.«

Wichtig ist, dass du merkst, dass deine Schwächen kein großes Hindernis für dich in deiner Karriere sein sollten. Sie gehören zu dir und machen dich in vielen Formen stärker. Lerne, sie umzuwandeln und so ihre Energie für dich zu nutzen.

Wie aus Schwächen Stärken werden

Nun schauen wir uns deine weiteren Schwachstellen an, jene, die du nicht bearbeiten möchtest. Sind dies wirklich ausschließlich Schwächen, oder kann man auch eine gute Seite darin sehen? Etwa Direktheit, Ehrgeiz, Konsistenz, Kreativität, alles gleichzeitig erledigen wollen etc. All diese Punkte könnten auch gut auf deiner Stärken-Liste stehen.

Identifiziere all die Punkte, die genauso eine Stärke sind, auf deiner Schwächen-Liste. Wenn in Zukunft einer dieser Punkte angesprochen wird, so betone die positiven Aspekte daran.

Wenn dir nicht sofort einfällt, wie ein Defizit eine Stärke sein kann, so findest du hier Inspiration, wie du die Schwächen in Stärken umwandeln kannst:

- Angst vor Präsentationen → Sehr sorgfältig in der Vorbereitung von Präsentationen
- Chaotisch → Gute Intuition
- Vergesslich → Großer Fokus auf die Aufgaben des Moments
- Namen schlecht merken können → Direkt ein Gespräch aufbauen können
- Nervosität → Große Konzentration (durch das Adrenalin)
- Nicht Nein sagen können → Übernimmt Aufgaben über den eigenen Arbeitsbereich hinaus

- Zu direkt → Klare Kommunikation
- Zu starkes oder schwaches Durchsetzungsvermögen → Gute Erfolgsquote
- Delegiert alles an andere → Möglicherweise sehr wirtschaftlich
- Wenig Berufserfahrung → Große Bereitschaft und Motivation, Aufgaben zu bearbeiten
- Ruhig oder zurückhaltend sein → Gute Beobachtungsgabe, Beiträge durchdacht
- Gutmütigkeit → Stets hilfsbereit
- Zu viel gleichzeitig erledigen wollen → Hohe Motivation und Energie
- Zu ehrgeizig → Sehr ergebnisorientiert
- Zu kreativ → Einfallsreich und geschickt mit Ideen und Konzepten
- Lücke im Lebenslauf → Großer zusätzlicher Erfahrungsschatz durch Elternzeit/Reise/Arbeitsplatzsuche, welches einen gelehrt hat, mit Herausforderungen/neuen Kulturen/Frustration umzugehen
- Nicht gerne telefonieren → Professionell und effizient in E-Mails und schriftlicher Dokumentation

In jedem zukünftigen Gespräch zu diesen »Schwächen – Stärken« solltest du den Fokus allein auf den positiven Aspekt dieser Punkte legen. Wenn die Aspekte als etwas Negatives aufgeführt werden, so solltest du die gute Seite davon hervorheben und die Bedeutung und den Mehrwert dessen für die Firma betonen.

Aus Fehlern richtig lernen

Du hast auf deiner Schwächen-Liste auch Misserfolge dokumentiert. Wir alle erleben diese, nur sprechen wir, besonders in unserem Kulturkreis, ungern davon. In den USA etwa sind viele Mitarbeitende auch in Bezug auf ihre Fehler und die daraus gewonnenen »Lessons learned« deutlich offener.

Lass dich davon inspirieren und gewöhne dir an, ebenso offen an deine Fehler zu denken. Wichtig ist, dass du deinen Fokus dabei darauf legst, was du daraus gelernt hast.

> Betrachte deine Fehler und möglichen Misserfolge. Schreibe zu jedem auf, was du daraus gelernt hast und heute anders machst oder wie du dazu beigetragen hast, in der Krisensituation das Beste für die Firma rauszuholen.

Diese Definition wird dir bei möglicher Kritik im Beförderungsgespräch helfen, die Argumentation zu deinen Gunsten zu drehen.

Abschließend lässt sich festhalten, dass deine Schwächen und möglichen Misserfolge kein Hindernis darstellen. Ganz im Gegenteil, es gilt nur ein wenig Zeit zu investieren und sie neu einzuordnen, um diese vermeintlichen Kritikpunkte zu entkräften.

Too long; didn't read

→ Jeder Mensch hat Schwächen, selbst die erfolgreichsten Überflieger. Es ist nur wichtig, deine Stärken zu kennen und neu zu betrachten.

→ Klarheit darüber, was genau deine Schwächen sind, macht es dir leicht, auf mögliche Kritik zu reagieren.

→ Kritik von Kollegen und Kolleginnen sowie Vorgesetzten zeigt in der Regel die für dein Arbeitsumfeld wichtigsten Schwächen auf. An diesen solltest du zuerst arbeiten.

→ Du kannst Schwächen bearbeiten, um sie zu minimieren, ihre positive Seite in den Fokus rücken (viele Schwächen sind anders betrachtet auch eine Stärke) oder sie hinter deinen viel wichtigeren Stärken verstecken.

→ Misserfolge haben dir eine Lektion erteilt, du hast dadurch Neues gelernt. Lege deinen Fokus darauf, was du daraus ziehen kannst.

8. Die 10 wichtigsten Faktoren für ein erfolgreiches Gespräch

(Lesedauer: 25 Minuten)

Das Beförderungsgespräch an sich sollte keine große Schwierigkeit für dich darstellen. Du kennst deine Stärken und Forderungen und hast gesehen, dass es Kollegen und Kolleginnen genauso geschafft haben, vorwärtszukommen. Der einzige Aspekt, der dir vielleicht noch neu ist, ist das Gespräch selbst. Aber denke daran: Von nun an wird es mit jedem Mal einfacher werden. Je öfter du ein solches Gespräch führst, umso erfahrener wirst du sein. Und du wirst wahnsinnig viel über dich selbst lernen. Du kannst selbstbewusst und entspannt in das Gespräch gehen, wenn du die wichtigsten Faktoren für eine erfolgreiche Beförderung beachtest.

Du kannst nur gewinnen: entweder durch eine Beförderung oder indem dir eine Perspektive aufgezeigt wird, um die Beförderung zu erlangen.

Die Gespräche laufen immer ähnlich ab. Es gibt lediglich unterschiedliche Formen und Nuancen, deinem oder deiner Vorgesetzen entsprechend. In diesem Kapitel findest du die 10 wichtigsten Faktoren für ein erfolgreiches Gespräch. Schon in Vorbereitung auf deinen Termin kannst du an diesen Punkten arbeiten.

1. Gute Arbeit
2. Umfassende Vorbereitung auf das Gespräch

3. Selbstbewusstsein in deinen Forderungen
4. Mehrwert für die Firma herausarbeiten
5. Deinen Vorgesetzten zum Verbündeten in deinem Anliegen machen
6. Die Ruhe bewahren
7. Auf Überraschungen flexibel reagieren
8. Auf deine Gegenüber eingehen und zuhören
9. Übung macht den Meister
10. Loslassen und loslegen

Gute Arbeit

Grundlage für jede Beförderung ist deine gute Arbeit. Hierzu gehört, dass du Erfolge erzielst, aber auch gewissenhaft und verlässlich deine Aufgaben erfüllst. Denn dies ist die Grundlage für jede Beförderung. Dein Chef oder deine Chefin wird sich deine Aufgaben, Erfolge, aber auch mögliche Misserfolge ansehen, oder wo dir Fehler unterlaufen sind.

Wichtig ist, dass du alle Punkte aus deiner Stellenbeschreibung erfüllst und die Aufgaben zur Zufriedenheit deines Chefs oder deiner Chefin bearbeitest.

Christian Plagemann, Direktor bei Google Research, rät: »Die meisten Menschen denken, dass man einen großen Karrieresprung oder eine Beförderung benötigt, um mehr Verantwortung oder Einfluss zu erhalten. In Wahrheit ist es genau umgekehrt: In einem Team wird diejenige Person befördert, die schon jetzt gezeigt hat, dass sie mit höherer Komplexität oder höheren Anforderungen umgehen kann. Zum Beispiel wird meist ein Mitarbeitender formal zum Manager befördert, der schon jetzt anderen bei der Karriere hilft, dafür sorgt, dass komplexe Teamziele erreicht werden, Konflikte beseitigt, Klarheit schafft gegenüber der Firmenleitung, Kunden etc. Wenn jemand das ohne offizielles Mandat kann, dann ist das

Risiko einer Beförderung für den Entscheider minimal. Also: nicht auf eine offizielle Erlaubnis warten, um eine bestimmte Rolle auszuüben oder größeren Wert für die Organisation zu schaffen, sondern dich mental schon jetzt in die nächste Rolle hineinversetzen. Wie man hier in Kalifornien sagt: ›Leading by showing up.‹«

Sei im engen Austausch mit deinem Chef oder deiner Chefin. Denn wichtig ist, dass du in genau den Aufgaben deine Skills präsentierst, die für die Firma den größten Mehrwert haben – die Aspekte, auf die auch dein Chef bzw. deine Chefin den Fokus legt.

Wenn doch mal ein Fehler passiert: professionell managen

Grundvoraussetzung für ein erfolgreiches Gespräch ist also exzellente Arbeit. Natürlich wird nie alles glattlaufen, und es wird in den vergangenen Monaten auch Dinge gegeben haben, die vielleicht nicht perfekt waren. Wichtig ist hier aber, dass du professionell und im besten Interesse der Firma mit Problemen oder Fehlern umgegangen bist. Dann kann kein Fehler oder Misserfolg dir zulasten gelegt werden.

Bettina Stark-Watzinger, Bundesministerin für Bildung und Forschung, empfiehlt: »Meistens steht und fällt alles damit, wie gut man andere mit in den Prozess einbezieht. Man darf nie unterschätzen, wie wichtig ein funktionierendes Team und ein gemeinsames Ziel sind. Auch hier gilt Aristoteles' Zitat: ›Das Ganze ist mehr als die Summe seiner Teile.‹«

Wenn dir ein Fehler unterläuft oder etwas nicht so funktioniert, wie es geplant war, so solltest du in Zukunft folgende Punkte beachten:

1. Informiere frühzeitig deinen Chef bzw. deine Chefin über den Fehler. Je früher, desto besser. Denn je länger du wartest, desto schwieriger wird es bloß und desto größer sind gegebenenfalls die Probleme. Also Augen zu und durch.
2. Überlege verschiedene nächste Schritte, um die Situation zu retten.

Erstelle zum Beispiel einen Action-Plan mit Alternativmaßnahmen, um eine Kampagne noch zu retten. Schlage vor, Aufgabe X zusätzlich zu bearbeiten, um einen anderen Ausfall auszugleichen. Deine drei Vorschläge solltest du in das Gespräch mitbringen und deinem Chef oder deiner Chefin vorschlagen. Denn Vorgesetzte werden viel zu viel mit Problemen überhäuft, obwohl sie Lösungen brauchen. Auch wenn dein Chef bzw. deine Chefin deine Vorschläge vielleicht nicht direkt wie von dir vorgeschlagen umsetzen wird, so zeigt es deinen Willen, in der Situation zu helfen.
3. Tue im Nachgang alles, was du kannst, um das Projekt wieder auf Spur zu bringen. Hänge, wenn möglich, ein paar Extrastunden dran. Dies zeigt deine besondere Motivation und Zuverlässigkeit, auch in schwierigen Situationen.

Marianne Palma Calderón, Expert Associate Partnerin bei McKinsey & Company, berichtet, dass auch sie in ihrer Karriere Misserfolge erlebt hat. Sie sagt: »Misserfolge gehören zum Berufsleben dazu und können als Chance genutzt werden. Ein Beispiel war, als ich ein Projekt leitete und es nicht rechtzeitig abschließen konnte. Ich habe daraus gelernt, dass es wichtig ist, realistische Ziele zu setzen, offen zu kommunizieren und sicherzustellen, dass das Team die Ressourcen hat, um diese Ziele zu erreichen. Vor allem aber haben mich meine Misserfolge selbstbewusster und stärker gemacht, sodass ich rückblickend dankbar für jeden einzelnen bin.«

Too long; didn't read

→ Deine gute Arbeit und dass du deine Ziele erreichst, ist die Grundvoraussetzung, um befördert zu werden.

→ Werden Misserfolge oder Fehler professionell behandelt, wie zum Beispiel durch schnelle Meldung an Vorgesetzte, proaktive Lösungsvorschläge, hoch motivierte Arbeit, so sprechen auch Misserfolge für deine Beförderung.

Umfassende Vorbereitung auf das Gespräch

Deine Vorbereitung auf das Gespräch mit dem Chef oder der Chefin ist das A und O. Du solltest mit einem glasklaren Bild darüber, was dein Ziel ist, in das Gespräch gehen. Ebenso solltest du auf mögliche Argumente und Einwände der Gegenseite vorbereitet sein und deine Hausaufgaben gemacht haben, wie du diese Punkte widerlegen kannst.

Wenn du in den vorherigen Kapiteln deine Wunschposition, -aufgaben und -gehalt definiert hast, kannst du klar über deine Ambitionen sprechen. Du wirst dich nicht durch Alternativvorschläge irritieren lassen. Wenn du außerdem weißt, was deine Stärken und Schwächen sind, hast du zu jedem möglichen Gegenargument eine Antwort.

Insgesamt solltest du folgende Punkte für dich vorbereitet haben:

- Wunschposition
- Wunschaufgaben und -themen
- Wunschgehalt
- Alternative Forderungen (BATNA)
- Erfolge
- Stärken
- Gegenargumente zu deinen Schwächen
- Mehrwert für die Firma, wenn du befördert wirst
- Motivationsversprechen für deine Beförderung

Es ist nicht nötig, sich tagelang auf das Gespräch zur Beförderung vorzubereiten. Die Grafik zeigt, dass die meisten 30 Minuten bis 3 Stunden dafür verwenden. Vielleicht dauert es bei der ersten Verhandlung etwas länger. Aber mit etwas Übung brauchst du in wenigen Jahren nur noch 15 Minuten. Die Vorbereitung kann allerdings über deinen Erfolg entscheiden, daher solltest du dich so lange vorbereiten, bis du dich sicher fühlst.

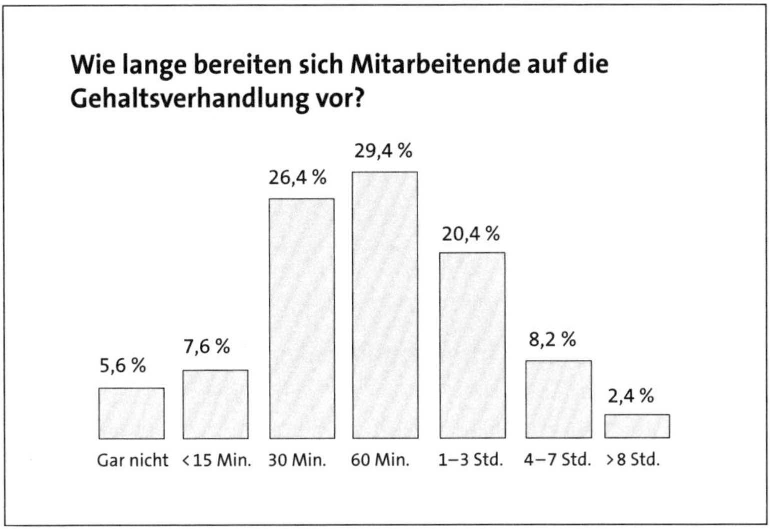

Quelle: Karriere.at, 2019[19]

Julia Krempin, Chefredakteurin des Business Punk-*Magazins, empfiehlt, sich auf handfeste Argumente zu konzentrieren, wenn man eine Beförderung anstrebt. Zum Beispiel kann man erfolgreiche Projekte, neu gewonnene Kunden oder außergewöhnliche Ergebnisse als Beweise für die eigene Leistung anführen. Dies ist besonders hilfreich, wenn die Vorgesetzte zunächst gegen eine Beförderung ist. Argumente können dabei helfen, die eigene Position zu stärken.*

Darüber hinaus rät Julia Krempin, im Kollegen- und Bekanntenkreis nach Einschätzungen zum Gehalt der angestrebten Position zu fragen. So kann man sicherstellen, dass man keine unrealistischen Gehaltsvorstellungen hat, sondern angemessene Forderungen stellt, die branchenüblich sind und auf dem aktuellen Markt realistisch sind. Julia betont: »Die Recherche zu vergleichbaren Gehältern hilft, um mit Argumenten untermauern zu können, dass man keine Fantasiezahlen einfordert, sondern dass dies die branchenüblichen Zahlen sind, die aktuell gezahlt werden. Etwa, weil der Markt sich verändert hat und deswegen eben ein höheres Gehalt hier notwendig ist.«

Too long didn't read

→ Bereite genau vor, was du erreicht hast und erreichen möchtest. Dazu gehört die Wunschposition, -gehalt, -aufgaben, aber auch deine Erfolge, Stärken, Mehrwert für die Firma und Motivation.

Selbstbewusstsein in deinen Forderungen

Wenn du im Gespräch deine Forderungen vorbringst, solltest du keine Angst davor haben, dass diese womöglich überzogen sind. Besonders Frauen neigen dazu, ihre Ansprüche herunterzuspielen, aber gerade beim Gehalt ist es wichtig, sich zu trauen, Forderungen zu stellen.

Diana Gajic, Senior Executive Recruiter bei SAP, beschreibt, dass sie bei einem vorherigen Arbeitgeber in einem Vorstellungsgespräch für das Management eine besondere Situation erlebt hat. Alle waren von der Kandidatin überzeugt, ihre Kompetenzen und Erfahrung passten perfekt auf die zu besetzende Stelle. Doch als dann die Frage zum Gehalt kam, war ihre Forderung deutlich unter den Erwartungen. Anstatt an eine mögliche Kosteneinsparung zu denken, war das Team irritiert. Sie bekamen Zweifel, ob die Kandidatin geeignet sei, wenn sie doch in einer viel tieferen Gehaltsklasse spielte.

Nimm dir das Beispiel zu Herzen und denke daran, dass deine Forderungen auch für eine Einordnung deiner Kompetenz stehen.

Ich habe erlebt, dass ein sehr junger und unerfahrener Kollege überall von sich und seiner Arbeit prahlte. Außerdem redete er allen, die eine für ihn wichtige Position innehatten, nach dem Mund. Ich konnte ihn nicht gut leiden und war mir sicher, dass auch alle anderen ihn durchschauen würden. Doch zu meiner

Überraschung wurde er zu jeder Gelegenheit befördert, in kürzester Zeit war er auf einer mir gleichwertigen Position. Zuerst schimpfte ich zu Hause über ihn, bis mir bewusst wurde, dass der Kollege nicht mein Problem ist, sondern sein Erfolg mir die Augen öffnen kann. Er führte mir vor, dass nicht meine stille und fleißige Arbeit der Weg zum Erfolg war, sondern die Kompetenz, darüber zu sprechen. Ich kaufte mir also Bücher und besprach das Thema mit meiner Coaching-Expertin. Zusammen erarbeiteten wir, wie ich mich besser präsentieren konnte. Es musste ja nicht auf dieselbe Art sein, die ich bei dem Kollegen als so abstoßend empfand.

Darüber hinaus führte die Blitzkarriere des Kollegen dazu, dass ich mit größtem Selbstbewusstsein und viel Nachdruck meine Beförderung verlangte. Ohne ihn hätte ich mich mit weniger zufriedengegeben. Aber da ich sah, dass es für ihn ging, wusste ich, dass ich es erst recht verdiene.

Heute bin ich dem Kollegen dankbar, denn er hat meine Karriere auf verschiedenste Art nach vorne gebracht. So wie der Kollege, dessen Beförderung mich anspornte, kann dir der Erfolg anderer Inspiration und Stärkung für dein Selbstbewusstsein sein. Glaube an dich und deine Kompetenzen, und du wirst erfolgreich sein.

Too long; didn't read

→ Traue dich, selbstbewusst nach der Beförderung zu fragen. Es kann dir helfen, zum Beispiel an Kollegen zu denken, die befördert wurden, aber in deinen Augen nicht besser sind. So kannst du dich daran erinnern, dass du es erst recht verdient hast, befördert zu werden.

→ Wer wenig Selbstbewusstsein zeigt, läuft Gefahr, vertröstet zu werden, da das Anliegen nicht als dringend empfunden wird.

Mehrwert für die Firma herausarbeiten

Viele Mitarbeitende argumentieren mit vergangenen Erfolgen für eine Beförderung. Genauso bedeutend ist es aber, Argumente auch dafür zu sammeln, was deine Beförderung für einen Mehrwert für die Firma darstellt. Wie profitiert die Firma von deiner Entwicklung, den neuen Aufgaben und davon, dass sie dich höher bezahlt?

Falls es dir schwerfällt, Argumente zu finden, wie deine Firma von deiner Beförderung profitiert, so sind hier mögliche Beispiele, aus denen du all jene Punkte übernehmen kannst, die auf dich zutreffen können.

Durch deine Beförderung kannst du ...

... größere Aufgabenpakete übernehmen,
... autarker an deinen Aufgaben arbeiten (es braucht weniger Leitung von oben),
... jüngere Kollegen anleiten und damit deine Vorgesetzten entlasten,
... mehr Verantwortung übernehmen,
... neue Projekte einbringen,
... weitere Kunden einbringen.

Zeige deinem oder deiner Vorgesetzten, welchen Mehrwert deine Beförderung auch für ihn bzw. sie hat.

Vielleicht entscheidet dein Manager oder deine Managerin über deine Beförderung nicht alleine, sondern bespricht sich noch mit seinem bzw. ihrem Vorgesetzten. Hier bietest du ihm oder ihr perfekte Argumente, um sich für deine Beförderung einzusetzen.

Zusätzlich kannst du noch ein weiteres Argument einwerfen: deine Motivation, wenn du die neue Rolle ausfüllen darfst. Es ist wichtig zu zeigen, dass du dich erkenntlich zeigen wirst und nicht nur vor dem Beförderungsgespräch Leistung gezeigt hast, sondern auch danach mit vollem Einsatz dabei bist.

Mögliche Formulierungen könnten sein:

- ✓ »Ich brenne für die Firma und unsere Ziele. In der neuen Position kann ich noch besser meine Energie und Visionen einbringen, um gemeinsam erfolgreich zu sein.«
- ✓ »Ich freue mich auf die neuen Herausforderungen und kann es kaum erwarten, Projekt X zum Erfolg zu führen.«
- ✓ »Ich bitte um die Beförderung, nicht nur als Wertschätzung meiner bisher erbrachten Leistung, sondern auch derer, die ich in Zukunft bringen werde. Ich kenne mich und kann versprechen, dass die Beförderung mich ungemein motivieren wird, die besten Ergebnisse für die Firma zu erzielen.«

Too long; didn't read

- → Zeige den Mehrwert deiner Beförderung für die Firma auf, um deinen Chef oder deine Chefin zusätzlich zu motivieren.
- → Unterschiedlicher Mehrwert deiner Beförderung für deine Vorgesetzte und Firma könnte zum Beispiel sein: größere Aufgabenbereiche, weitere Projekte, mehr Verantwortung, weniger Management benötigt.

Deine Vorgesetzten zu Verbündeten in deinem Anliegen machen

Für den Erfolg deiner Mission ist es wichtig, dass du deine Vorgesetzten auf deine Seite holst und zu deinen Verbündeten machst. Denn besonders wenn auch er oder sie einen Mehrwert aus deiner Beförderung ziehen kann, wird er bzw. sie sich für dich einsetzen.

Ein vielversprechender Ansatz ist, die Probleme deines Chefs oder deiner Chefin zu lösen. Dafür solltest du überlegen, wonach dein Chef oder deine Chefin sucht und was er bzw. sie braucht. Indem du ihm oder ihr gut zuhörst, wirst du schnell erfahren, was er oder sie benötigt. Verbinde dies dann mit deiner Beförderung und zeige auf, wie du in deiner neuen Rolle seine bzw. ihre Bedürfnisse stillen kannst.

Dein Ziel sollte es sein, deinem Chef oder deiner Chefin zu verdeutlichen, wie deine Beförderung auch seine bzw. ihre Probleme löst.

Ich hatte eine junge Vorgesetzte. Ein paar Kollegen hatten sich ebenso auf ihre Position beworben, aber sie wurde zur Managerin des Teams. Die erfolglosen Kollegen waren enttäuscht und machten ihr immer wieder die Arbeit schwer, kooperierten nicht, wie sie es sollten. Zusätzlich stand sie unter Druck, die aktuellen Projekte erfolgreich umzusetzen und das Team zufrieden zu halten.

Ich versuchte, meine Chefin in ihren Bemühungen dem Team und ihren Vorgesetzten gegenüber zu unterstützen, wo ich konnte, denn ich wollte sie stärken. Im Gegenzug stärkte sie mich auch, baute auf mich und gab mir die wichtigsten Projekte, denn sie merkte, dass sie mir vertrauen konnte. So kam es, dass ich erfolgreich unter ihr Karriere machen konnte. Ich zeigte in ihren Augen die beste Leistung und wurde daher bei jedem Beförderungszyklus bedacht.

Beginne, deine wichtigsten Vorgesetzten zu unterstützen, wo du kannst. Sobald sie merken, dass du ihnen gegenüber loyal bist und sie unterstützt, werden sie mehr mit dir zusammenarbeiten wollen und dich dann natürlicherweise fördern.

Konflikte vermeiden

Konflikte Mitarbeitender untereinander oder mit Vorgesetzten sind immer Gift für die Karriere. Würdest du denjenigen Mitarbeitenden, der Teil von Konflikten ist, befördern, oder den, der dir keine Probleme, sondern sogar Erleichterung bringt? Natürlich den Zweiten!

Wer oft meckert, unwillig auf Aufgaben reagiert oder Widerworte gibt, verbaut sich jede Chance auf eine Karriere.

Was kannst du tun, wenn es bereits Spannungen zwischen deinem Chef oder deiner Chefin und dir gibt? Keine Sorge, es gibt immer einen Weg, sich aus einer schwierigen Situation herauszuarbeiten. Es benötigt allerdings die Offenheit von dir, deine Beziehung nachhaltig zu verändern.

> Überlege genau, was dich an deinem Chef oder deiner Chefin stört. Etwa die vielen Forderungen und die ständigen E-Mails, die dir Druck machen? Micromanagt dein Vorgesetzter oder deine Vorgesetzte dich, sodass es unerträglich ist? Oder bist du im Grunde verletzt, weil er oder sie deine Leistung ständig übersieht und dich ungerecht behandelt? Notiere alles, was dir einfällt.

Als Nächstes solltest du überlegen, wie du dieses Problem zwischen euch lösen kannst. Was ist die Ursache, weshalb dein Chef oder deine Chefin dich mit Mails bombardiert oder sich in jedes Detail einmischt? Fehlt ihm oder ihr vielleicht das Vertrauen? Hat er oder sie Angst vor dem eigenen Vorgesetzten und will daher alles ganz genau unter Kontrolle halten? Wenn du seine bzw. ihre Motive verstehst, wird es dir bereits leichter fallen, damit umzugehen. Notiere die möglichen Ursachen. Nun kannst du überlegen, wie du damit umgehen möchtest und ob es eine Chance gibt, den Konflikt zu lösen.

Mögliche Verbesserung des Verhältnisses: Zur Lösung des Konflikts kannst du zum einen das Gespräch suchen und ansprechen, was für dich schwierig ist. Argumentiere aus der Ich-Perspektive, denn das entschärft mögliche Vorwürfe, und bleibe möglichst sachlich.

Es gibt noch einen anderen Weg, auf das Bedürfnis deines Chefs oder deiner Chefin einzugehen. Wirst du etwa mit Nachfrage-Mails überhäuft, so kannst du deinem Chef oder deiner Chefin vorschlagen, ihm bzw. ihr regelmäßig Updates zu vereinbarten Themen zu schicken. So kannst du ihm bzw. ihr proaktiv entgegenkommen, und seine bzw. ihre Nachfragen, die dich so stören, werden überflüssig.

Keine Aussicht auf ein gutes Verhältnis: Wenn du denkst, dass du dich auch in Zukunft nicht mit deinem bzw. deiner Vorgesetzten verstehen kannst, dann überlege, ob du die Firma oder das Team wechseln kannst. Denn solange du dich mit deinem Chef bzw. deiner Chefin nicht verstehst, so lange ist eine Beförderung unwahrscheinlich.

Wichtig ist, dass die Beziehung zu deinen Vorgesetzten gut funktioniert und sie im besten Fall deine Verbündeten werden, da sie den Mehrwert für sich in deiner Beförderung erkennen.

Too long; didn't read

→ Mach deine Vorgesetzten zu Verbündeten, indem du ihnen ebenso hilfst.

→ Bei Spannungen mit den Vorgesetzten ist eine Beförderung sehr unwahrscheinlich.

→ Du kannst versuchen, ein schlechtes Verhältnis zu verbessern, indem du auf die Bedürfnisse deines Chefs oder deiner Chefin eingehst oder das offene Gespräch mit ihm oder ihr suchst.

→ Gibt es keine Aussicht auf ein gutes Verhältnis, so solltest du prüfen, ob es Alternativen innerhalb oder außerhalb deiner Firma für dich gibt.

Die Ruhe bewahren

Wenn du bereits ähnliche Gespräche mit deinem oder deiner Vorgesetzten geführt hast, so weißt du vielleicht schon, was dich erwartet. Könnte es hitzig werden? Fühlst du dich schnell von deinem Chef oder deiner Chefin in die Ecke gedrängt? Oder gab es Situationen, in denen dir die Worte fehlten und dir die guten Antworten erst nach dem Gespräch eingefallen sind?

Es gibt drei mögliche Bedrohungen: Entweder du erhältst starke Gegenargumente, du wirst eingeschüchtert, oder du wirst überrumpelt. Egal was bei dir zutrifft, versuche, ruhig zu bleiben, Zeit zu gewinnen und sachlich zu argumentieren.

Ein professioneller Ton ist immer effektiver als ein Konflikt und sollte durch Höflichkeit, Offenheit und Standhaftigkeit gewahrt werden.

Falls du noch überhaupt keine Erfahrung mit dem Gespräch hast, so sind hier einige Beispiele und mögliche Reaktionen für dich.

Einschüchterung: Dein Chef oder deine Chefin kann Beispiele und Argumente verwenden, die dich und deine Forderung unpassend erscheinen lassen. So schüchtert er bzw. sie dich ein.
Lösung: Beharre auf deinem Standpunkt und deiner Perspektive. Lege deine Argumente ruhig und sachlich dar und erläutere, weshalb aus deiner Perspektive die Beförderung angebracht ist. Verschaffe dir so etwas Zeit, die du nutzen kannst, um Gegenargumente zu sammeln.

Überrumpeln: Manche Vorgesetzte neigen dazu, den Arbeitnehmer oder die Arbeitnehmerin mit Argumenten zu überrumpeln, die bisher nicht zur Sprache kamen – angebliches Feedback von Kollegen, schlechte wirtschaftliche Situation und Ähnliches.
Lösung: Auch hier gilt es, sich nicht aus der Ruhe bringen zu lassen.

Zu neuer Kritik kannst du sagen:

✓ »Ich würde mir wünschen, dass Sie mir solches Feedback sofort mitteilen, sodass ich die Chance habe, diesen Punkt zu korrigieren. Basierend auf den Informationen, die ich von Ihnen bis heute hatte, habe ich beste Arbeit abgeliefert.«

Auf schwierige wirtschaftliche Situationen kannst du reagieren:

✓ »Ich verfolge die Entwicklung unserer Firma eng, da ich natürlich großes Interesse an ihrem Erfolg habe. Die neue Position würde mich befähigen, mich noch stärker für die Firma einzubringen und tatkräftig daran zu arbeiten, das Ruder zu drehen und die Umsätze zu verbessern. Vielleicht haben Sie bereits eine Idee, was ich noch zusätzlich tun kann, um der Firma zu helfen?«

Ein nützlicher Trick ist es, Fragen zu wiederholen, um Zeit zu gewinnen. Oder du kannst probieren, wenn es hitzig wird, einfach zu schweigen.

Dafür musst du die kurze unangenehme Stille ertragen, doch dies hilft dir, dich zu sortieren, und wird deinen Vorgesetzten oder deine Vorgesetzte dazu verleiten, dir entgegenzukommen, um die Stille zu füllen.

In Beförderungsgesprächen sollte es immer um Interessen und sachliche Argumentation gehen. Wenn möglich, sollte es nicht in einen Konflikt abrutschen. Wenn dein Chef oder deine Chefin sich im Ton vergreift, so atme kurz durch und bleibe ruhig, geh auf keinen Fall darauf ein. So hast du beste Chancen auf Erfolg.

Wenn du durch Gegenforderungen oder ein Angebot deines Chefs oder deiner Chefin überrumpelt wirst, so mache dir bewusst, dass du jede Information auch einfach nur entgegennehmen kannst und nicht direkt darauf antworten musst. Mache keine fixen Zu- oder Absagen im Gespräch.

Ein Freund erzählte mir von einem schwierigen Gespräch mit seiner Chefin. Sie war sehr erfahren, er neu im Job. Als sie über seine Position und nächsten Schritte sprachen, berichtete er, dass er immer das Gefühl hatte, sofort Antworten auf ihre Vorschläge haben zu müssen. Er reagierte also sofort, und erst zu Hause, als er Zeit hatte, darüber nachzudenken, wurde ihm bewusst, dass eine andere Antwort die richtige für ihn gewesen wäre. Er ärgerte sich und traute sich nicht, erneut das Gespräch zu suchen.

Statt also direkt zu reagieren, kann man etwas sagen wie: »Vielen Dank für die Vorschläge; da dies eine sehr wichtige Entscheidung/Veränderung/Entwicklung für mich ist, möchte ich gerne darüber nachdenken können und gebe bis (Tag) Feedback.«

Too long; didn't read

- → Egal wie das Gespräch verläuft, bleibe ruhig und atme durch.
- → Auch wenn du überrumpelt, eingeschüchtert oder angegriffen wirst, bleibe jederzeit sachlich, höflich und offen.
- → Sage niemals direkt im Gespräch etwas zu oder ab. Nutze immer Bedenkzeit, indem du dich für die Vorschläge bedankst und sagst, dass du darüber nachdenken und Feedback geben wirst.

Auf Überraschungen flexibel reagieren

Du kannst dich noch so gut auf die Situation vorbereiten – am Ende kann es immer passieren, dass etwas Unerwartetes passiert. Davon, dass du aus deiner Reihenfolge oder deinem Konzept gebracht wirst, bis hin zu überraschenden Antworten oder Angeboten.

In einem meiner ersten Beförderungsgespräche war ich so aufgeregt, dass ich gleich am Anfang all meine Munition verschossen habe. Als wir dann wieder auf Gründe für meine Beförderung zurückkamen, fehlte es mir an weiteren Argumenten, die ich nun zur Stärkung meines Anliegens noch hätte in den Ring werfen können. Zum Glück hat es trotzdem geklappt. Seitdem strukturierte ich aber meine Argumente, sodass ich sie grüppchenweise vortragen konnte. Sollte das Gespräch so kurz sein, dass ich gar nicht alle Argumente brauchte, dann prima, es hatte ja geklappt. Sollte es aber weitere Argumente benötigen, so hatte ich mehr und mehr, was ich aus dem Hut zaubern konnte. Eine gute Taktik, um einen bleibenden positiven Eindruck zu hinterlassen und dem oder der Vorgesetzten aufzuzeigen, wie viele Gründe es für eine Beförderung gibt.

Egal was kommt, nimm dir vor, mit dem Flow des Gesprächs zu gehen. Reagiere flexibel auf den Verlauf des Gesprächs und vertraue darauf, dass du intuitiv richtig reagieren wirst.

Too long; didn't read

→ Reagiere flexibel auf Wendungen, folge dem Flow der Unterhaltung und vertraue darauf, dass du richtig reagieren wirst.

→ Unterteile deine Argumente in Gruppen, die du nach und nach vorträgst. Ansonsten läufst du Gefahr, zu schnell keine Punkte mehr zu haben.

Auf deine Gegenüber eingehen und zuhören

Es ist von Vorteil, wenn man seine Gegenüber lesen kann. Gleich zu Beginn des Gesprächs wirst du anhand von Körpersprache und Ton merken, in welcher Stimmung dein Gegenüber ist.

Nimm das Tempo und den Gesprächsstil deines Chefs bzw. deiner Chefin für die Unterhaltung an. Wird etwa in kurzen, knappen Sätzen gesprochen, so bemühe dich ebenso, schnell auf den Punkt zu kommen. Gehe auf Anekdoten und Geschichten ein, lass dich von deinem Gesprächspartner führen. Dies bewirkt, dass sich dein Gegenüber wohl und verstanden fühlt.

Natürlich passt du dich nur so weit an, wie du noch authentisch du selber bleibst. Du solltest dich nicht vollkommen verstellen, denn das wirkt unnatürlich und wenig vertrauenerweckend.

Dass du bei dem Termin höflicher bist als sonst, ist passend. Verbiege dich jedoch nicht unnatürlich und verhalte dich auch nicht anders als üblich.

Ein weiterer Punkt, der häufig unterschätzt wird, ist, deinem Gesprächspartner bzw. deiner Gesprächspartnerin zuzuhören. Lass ihn oder sie ausreden, stelle Rückfragen und nimm dir die Zeit, seine oder ihre Perspektive zu verstehen. Dies sorgt nicht nur für eine gute Grundstimmung zwischen euch, es hilft dir auch, seinen bzw. ihren Standpunkt besser zu verstehen. Besonders für zukünftige Verhandlungen ist es hilfreich, seine bzw. ihre Ansichten und Schwerpunkte verstanden zu haben. Denn dann kannst du passend dazu deine Argumente vorbereiten.

Too long; didn't read

→ Lies anhand von Körpersprache und Tonfall, in welcher Stimmung dein Gesprächspartner ist, und geh darauf ein.

→ Lass dein Gegenüber den Flow des Gesprächs bestimmen.

→ Höre zu, um die Perspektive des Gegenüber zu verstehen.

Übung macht den Meister

Keine Sorge, du sollst nicht die Verhandlung vor dem Spiegel üben. Wichtiger ist, dass du zwei Dinge vorbereitest und übst:

1. Deine wichtigsten Argumente solltest du auswendig wissen.
2. Deine Körperhaltung sollte stark und selbstbewusst sein.

Deine wichtigsten Argumente solltest du auswendig wissen

Es wird vielleicht schwierig, all deine Argumente auswendig zu wissen, aber du solltest nicht schon beim ersten Punkt auf deinen Spickzettel schauen müssen. Daher empfiehlt es sich, deine Argumente zu gruppieren. Für jeden Themenblock hast du dann vielleicht ein bis zwei Unterpunkte; jeder Unterpunkt kann auch durch Beispiele untermauert werden. Sortiere die Themenblöcke von schwach zu stark.

Im Gespräch kannst du dann mit dem stärksten oder zweitstärksten Argument starten. Im Hin und Her des Gesprächs kannst du dann die anderen Punkte nennen. Hierfür kannst du gegebenenfalls auf deine Notizen schauen. Abschließend solltest du wieder ein sehr starkes Argument aufrufen. Dass du am Anfang und Ende die stärksten Argumente platzierst, hängt mit dem Primacy-Recency-Effekt zusammen. Dieser beschreibt das Phänomen, dass uns besonders der Anfang und das Ende in Erinnerung bleiben.[20]

Das erste und das letzte Argument sollten besonders stark sein, denn diese bleiben hauptsächlich in Erinnerung.

Deine Körperhaltung sollte stark und selbstbewusst sein

Die richtige Körperhaltung zu üben, ist vergleichsweise einfach. Nun nimm eine Position ein, die dich stark und selbstbewusst erscheinen lässt. Aufrecht, zugewandt und offen. Deine Hände kannst du parallel nach vorne nehmen und dein Gegenüber direkt ansehen.

Schließe die Augen und versuche, die Haltung zu verinnerlichen. Wenn du die Augen öffnest, bist du dann noch in der Haltung? Du kannst die Haltung auch bei der Arbeit üben, nimm sie in Meetings ein und beobachte, ob dein Umfeld darauf reagiert. Je häufiger du die Position einnimmst, umso leichter wird es dir fallen, auch im Beförderungsgespräch selbstbewusst aufzutreten.

Wenn deine Argumente und Körpersprache sitzen, kannst du alles im Gespräch erreichen.

Too long; didn't read

- → Lerne deine Argumente auswendig, um nicht zu viel ablesen zu müssen.
- → Die wichtigsten Argumente solltest du zu Anfang und zum Ende vortragen, da diese besonders in Erinnerung bleiben.
- → Übe eine selbstbewusste und offene Haltung vor dem Spiegel.

Loslassen und loslegen

Du hast deine Argumente nun umfassend vorbereitet und bist bereit, selbstbewusst in das Gespräch zu gehen. Dir schwirrt vielleicht der Kopf vor Punkten, die du nicht vergessen möchtest und an die du unbedingt denken willst.

Häufig passiert es, dass einem vor wichtigen Gesprächen immer wieder Argumente und wichtige Punkte einfallen, die man sich merken möchte. Das ist vollkommen normal und zeigt, dass einen ein Thema beschäftigt.

Erlaube dir, loszulassen und dich darauf zu konzentrieren, entspannt in das Gespräch zu gehen.

Vertraue auf dich und deine Kompetenz. Genauso solltest du im Gespräch darauf vertrauen, dass alles gut laufen wird. Auch wenn du das Gefühl hast, dass du noch so viel sagen wolltest oder einen Punkt ganz anders geplant hattest vorzutragen. Deine Argumente werden bei deinem Gegenüber ankommen, und dein Anliegen wird gehört werden. Sei, anstatt dir Sorgen zu machen, stolz auf dich. Es ist so stark von dir,

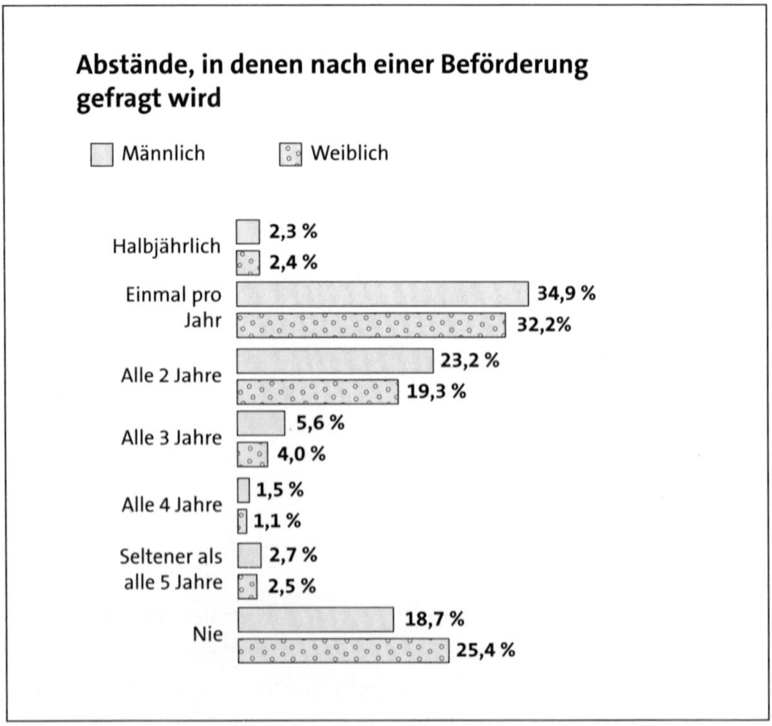

Quelle: Stepstone/Statista, 2016. 60 000 befragte Fach- und Führungskräfte[21]

dass du überhaupt das Gespräch suchst und dich dieser unangenehmen Situation stellst. Vergiss nicht, jeder Fünfte verhandelt nie über sein Gehalt!

Ein weiterer Grund, auf dich zu vertrauen, ist, dass die wenigsten sich so umfassend wie du auf das Gespräch vorbereiten. Alles, was passieren kann, ist, dass du gewinnst. Es gibt keine Form, in der du verlieren kannst; egal was passiert, es wird dich nach vorne bringen.

Wenn es nicht klappt, und du doch noch nicht befördert werden solltest, so kannst du schließlich in Kürze einen erneuten Versuch starten. Du solltest sogar so bald wie möglich wieder nach einer Beförderung fragen. Die Grafik zeigt, dass du damit nicht allein wärst.

Vertraue also auf dich, lass los und lege los, indem du jetzt den Termin mit deinem Chef bzw. deiner Chefin vereinbarst.

Too long; didn't read

- → Du hast dich genug vorbereitet, vertraue nun darauf, dass du im Gespräch alles parat haben wirst.
- → Egal was im Gespräch passiert, du kannst nur gewinnen; und egal was das Ergebnis ist, es wird dich nach vorne bringen.

9. Das sagen Manager und Managerinnen

(Lesedauer: 9 Minuten)

Du hast dich vielleicht noch nie gefragt, wie sich ein Beförderungsgespräch aus der anderen Perspektive anfühlt. Was denken etwa dein Chef oder deine Chefin über deine Karriere und deinen Wunsch nach einer Beförderung? Welche Tipps können dir Manager und Managerinnen geben? In diesem Kapitel teilen jene ihre Meinung, die in der Regel auf der anderen Seite des Tisches sitzen.

Die drei größten Fehler

Diana Gajic, Senior Executive Recruiter bei SAP, hat im Laufe ihrer Karriere viele Mitarbeitende eingestellt und Karrieren begleitet. Sie sieht drei typische Fehler, wenn es um die Karriere geht, die man als Arbeitnehmer bzw. Arbeitnehmerin vermeiden sollte.

An sich zweifeln

Ein typischer Fehler besteht darin, sich von negativem Feedback entmutigen zu lassen und an den eigenen Fähigkeiten zu zweifeln. Viele Menschen denken fälschlicherweise, dass sie nichts Relevantes beizutragen haben oder dass ihre Leistung nicht so gut ist wie die der anderen. Besonders wenn wir uns mit Personen vergleichen, die deutlich mehr Erfahrung und Expertise mitbringen als wir, sollten wir achtsam beim Vergleichen sein. Genauso darf man sich von Misserfolgen und Kritik nicht entmutigen lassen. Diana Gajic sagt: »Ich selbst habe sehr viel negatives Feedback erhalten, schon während meiner Schulzeit und auch in meiner Karriere. Ich habe mich davon aber nicht entmutigen lassen, sondern im Gegenteil, diese Menschen haben mich motiviert. Ich wollte zeigen, wie ich es doch schaffe.«

Fehlendes Netzwerk

Sich kein Netzwerk aufzubauen – weder im Unternehmen noch extern –, ist von großem Nachteil. Denn ein gutes Netzwerk ermöglicht den Zugang zu Informationen und beruflichen Chancen. Zudem bietet es die Möglichkeit, von den Erfahrungen und Kenntnissen anderer zu lernen und sich weiterzuentwickeln.

Durch die aktive Teilnahme an Events und die Nutzung von sozialen Medien kann man nicht nur neue Kontakte knüpfen, sondern auch Fachwissen teilen, Expertise zeigen und als aktiver Teil der beruflichen Community wahrgenommen werden. Dadurch steigert man nicht nur die eigene Sichtbarkeit, sondern erhöht auch die Wahrscheinlichkeit, dass spannende berufliche Möglichkeiten auf einen zukommen.

Keine neuen Skills lernen

Nur im eigenen Bereich zu bleiben, verhindert die berufliche Entwicklung. Wer sich ausschließlich mit den Themen des eigenen kleinen Teams oder der eigenen Berufsgruppe befasst, der sieht nicht das große Ganze. Besser ist es, sich mit Kollegen auszutauschen und sich mit den Aufgaben und Herausforderungen anderer Abteilungen zu befassen. Solltest du bisher nur mit Blick auf dein Berufsfeld und dein Team neue Skills erlernt haben, so lohnt es sich, den Blick zu weiten. »Neue Skills kann man ganz einfach erlernen, indem man Kollegen und Kolleginnen bei der Arbeit begleitet, ein sogenanntes Job-Shadowing«, so Diana Gajic. Der Austausch ermöglicht es dir, von den Erfahrungen und Expertisen anderer zu profitieren. Das Erlernen neuer Fähigkeiten und das Sammeln von Erfahrungen außerhalb des eigenen Fachgebiets kann zu einer erhöhten Flexibilität und Anpassungsfähigkeit führen. Dies ist besonders dann von Vorteil, wenn wir auf Veränderungen im Arbeitsumfeld oder auf neue berufliche Herausforderungen reagieren müssen – etwa hervorgerufen durch eine neue Technologie. Durch das Aufbrechen von fachlichen Grenzen eröffnen sich neue Möglichkeiten für persönliches und berufliches Wachstum.

Dranbleiben

Christian Plagemann arbeitet an AI & New Product Innovation und ist seit zwölf Jahren bei Google, heute als Direktor im Google Research Team. Er sagt: »Probiere viele unterschiedliche Rollen aus. Du weißt am Anfang nicht, was dir wirklich liegt, und du kannst das auch nicht durch Denken oder Lesen herausfinden. Aber: Was auch immer du ausprobierst, gib alles, auch durch mehrere Tiefpunkte hindurch. Gerade die Tiefpunkte zeigen dir, was du wirklich kannst. Einfache Situationen kann jeder.«

Ergänzend dazu sagt Diana Gajic: »Wenn Bewerber schon ein- oder zweimal eine Absage erhalten haben und dann an sich arbeiten und sich erneut bewerben, *das* beeindruckt mich. Sich von Absagen und Misserfolgen nicht abhalten zu lassen und das richtige Mindset zu haben, um Ziele zu verfolgen, ist außergewöhnlich und führt zum Erfolg.«

Irina Joanna Gebauer, Head of TikTok Live DACH, betont, dass das Wichtigste für den Berufsweg ist, einfach anzufangen. Zwar ist es wichtig, eine Vision zu haben und diese zu verfolgen, aber es ist ebenso entscheidend, sich nicht zu sehr davon unter Druck setzen zu lassen, insbesondere wenn nicht alles sofort funktioniert. In solchen Momenten ist es wichtig, weiterzumachen und gegebenenfalls zu prüfen, was der beste nächste Schritt ist. Es kann auch bedeuten, dass das Beste ist, eine neue Richtung einzuschlagen.

Es ist wichtig weiterzumachen, auch wenn nicht alles sofort funktioniert.

Dr. Sigrid Nikutta, Mitglied des Vorstands der Deutschen Bahn AG und Vorstandsvorsitzende der DB Cargo AG, betont, dass es keine Fehler gibt, sondern lediglich Entscheidungen, die zum Zeitpunkt der Entscheidungsfindung auf bestem Wissen und Gewissen basieren. Wenn sich später herausstellt, dass die Entscheidung überholt ist, ist das normal und kein Fehler. Als junge Managerin bei der Deutschen Bahn musste sie von ihrer lieb gewonnenen Stadt Dresden in das ihr unbekannte Frankfurt am Main ziehen. Obwohl es sich zunächst wie ein Fehler anfühlte, war es letztendlich eine wertvolle Erfahrung, da sie dadurch schnell neue Menschen und Themen kennenlernen konnte. Auf dem Berufsweg gibt es viele Herausforderungen und Stolpersteine. Es ist jedoch wichtig, mit diesen Schwierigkeiten umzugehen und wieder aufzustehen, wenn man gestolpert ist.

Als Psychologin weiß Dr. Sigrid Nikutta, dass Krisen und Schwierigkeiten zu einem erfolgreichen Leben dazugehören.

Sie sagt: »Natürlich gibt es viele Stolpersteine auf dem Berufsweg. Wichtig ist der Umgang mit diesen Stolpersteinen. Stolpern und Hinfallen gehört dazu. Entscheidend ist, ob Frau wieder aufsteht. Schwierigkeiten meistern und dann weiter, darum geht es.«

Julia Krempin, Chefredakteurin des Lifestylemagazins *Business Punk*, betont die Wichtigkeit, in Gehaltsverhandlungen standhaft zu bleiben.

Selbst im Falle einer Ablehnung soll man ruhig und höflich bleiben und klar argumentieren, warum man eine Erhöhung oder Beförderung verdient.

Wichtig sei es, sich selbst treu zu bleiben und nicht unter Wert zu verkaufen. »Man sollte nie aus Angst vor Ablehnung oder Verlust den eigenen Wert reduzieren«, so Krempin.

Mentoren suchen

Ein Mentor kann sehr hilfreich sein. Inspiriert dich jemand? Dann sprich ihn oder sie einfach mal an! Du wirst dich wahrscheinlich wundern, wie offen viele sind, um konkreten Rat in einer Situation zu geben oder dich längerfristig zu unterstützen. Ideal sind solche Mentoren, die bereits in der Position sind, die du anstrebst, rät Diana Gajic.

Unerwartete Karrierewege gehen

Julian Pahlke, derzeitiger Abgeordneter der Grünen im Deutschen Bundestag, ist ein engagierter und motivierter junger Politiker, der seine Leidenschaft für Veränderungen und seine Interessen stets in den Vordergrund stellt. Für ihn stand nie eine bestimmte Position, Bezahlung oder Status im Fokus, sondern vielmehr das Bedürfnis, Dinge voranzutreiben und seinen Leidenschaften zu folgen. Nach seinen Erlebnissen in der zivilen Seenotrettung entstand bei ihm eine intrinsische Motivation, aktiv zu bleiben. Dies führte ihn als wissenschaftlichen Mitarbeiter in die Politik, wo er schließlich in den Bundestag gewählt wurde.

Für Julian Pahlke ist klar: »Wenn man an die Sache glaubt und begeistert ist, dann ist die Motivation deutlich höher. Sie hilft einem, auch in schwierigen Situationen durchzuhalten.«

Christian Plagemann beschreibt zwei prägende Erlebnisse: »Aus meinem Postdoc bei Stanford eine Firma zu gründen, das war absolut nicht der Plan, aber eine unglaubliche Lernerfahrung und ein signifikanter Kurswechsel für mich in Richtung Produktentwicklung und angewandte Forschung. Als wir später in kürzester Zeit bei Google aus der Idee ›Google Cardboard‹ eine große öffentliche Initiative gemacht haben, mehrere Millionen Smartphone-VR-Viewer realisierten und mitgeholfen haben, eine Virtual-Reality-Bewegung zu starten, innerhalb von Google und außerhalb, das hat mich geprägt. Warum diese Punkte relevant sind: Sie haben mir persönlich gezeigt, wie viel man durch eigene Initiative verändern kann, ohne von jemandem gefragt zu werden oder um Erlaubnis zu bitten. Das traditionelle Bildungssystem fördert nicht gerade die Eigeninitiative; Ziele und die Arbeit wurden einem vorgegeben, das muss man sich dann wieder abgewöhnen. In dieser Hinsicht haben diese beiden Erlebnisse den größten Effekt auf mich gehabt, auch wenn andere Projekte eventuell einen höheren formalen ›Wert‹ hatten.«

Auch Dr. Sigrid Nikutta hat eine außergewöhnliche Karriere hinter sich. Sie sagt: »Gehe, wenn es am schönsten ist! Bloß nicht in die Bequemlichkeitsfalle hineinstolpern! Neue Herausforderungen sind das, was mich immer weitergebracht hat. An ihnen bin ich gewachsen.«

»Gehe, wenn es am schönsten ist!«

Irina Joanna Gebauer, Head of TikTok Live DACH, sagt: »Meine größte Erkenntnis ist, dass viele Wege nach Rom führen, der Weg tatsächlich das Ziel ist und das Leben so lang, dass man in jeder Phase wieder neu anfangen kann.« Man sollte einfach weitergehen und im Zweifel wagen, eine neue Richtung einzuschlagen.

Mut

Julian Pahlke empfiehlt, sich für einen Beruf zu entscheiden, der langfristig erfüllt. Dabei rät er dazu, auch mutig zu sein und idealistische Ambitionen nicht aufzugeben. Denn es ist von entscheidender Bedeutung, dass man leidenschaftlich dafür brennt, was man täglich tut. Nur so hat man die nötige Energie, die es braucht, um erfolgreich zu sein und dauerhaft Erfüllung zu finden. Ein entsprechendes Gehalt oder ein Titel folgen, wenn man sich mutig für die eigenen Ziele einsetzt.

120 Prozent geben

Christian Plagemann rät, immer 120 Prozent zu geben, um die eigenen Projekte erfolgreich zu machen: »Man sollte keine Energie damit verschwenden, sich zu beschweren oder sich über andere aufzuregen oder frustriert zu sein oder zu sehr über die Vergangenheit oder die abstrakte Zukunft nachdenken. In anderen Worten: Sei Teil der Lösung und inspiriere andere — durch deine positive Einstellung, harte Arbeit, kreativen Ideen –, was auch immer deine persönlichen Stärken sind, die dem Projekt, dem Team, der Organisation, der Welt helfen können.«

»Sei Teil der Lösung und inspiriere andere.«

Julia Krempin betont, wie wichtig es ist, nicht nur zu fordern, sondern auch zu liefern. Man sollte sich Zeit nehmen, um handfeste Argumente und Leistungen zu erbringen, bevor man eine Beförderung oder Gehaltserhöhung einfordert. Sie sagt: »Es kann auch hilfreich sein, gemeinsam mit dem oder der Vorgesetzten klare Ziele und KPIs (Key Performance Indicators, dt. Schlüsselkennzahlen) zu vereinbaren, die man in einem bestimmten Zeitraum erreichen muss, um dann anhand dieser Erfolge die Argumente für eine Beförderung oder Gehaltserhöhung vorzulegen.«

Abschließend kann man sagen, dass es immer das Ziel deines oder deiner Vorgesetzten ist, ein motiviertes Team zu haben und das beste Ergebnis für die Firma zu erreichen. Wenn du gute Arbeit leistest, dann wirst du weit kommen.

Too long; didn't read

- → Typische Fehler, die Manager und Personaler sehen, ist, dass Mitarbeitende sich selbst unterschätzen, kein Netzwerk aufbauen und ihre Skills nicht erweitern.
- → Auch über Tiefschläge hinweg sollte man unbedingt dranbleiben, besonders die Krisen helfen zu lernen und zu wachsen.
- → Mentoren helfen, den Karriereweg zu zeichnen.
- → Mutig sollte man seine Ambitionen verfolgen und für die eigenen Wünsche eintreten.
- → Wer 120 Prozent gibt, der wird dafür belohnt werden.

DAS GESPRÄCH – GEHEIME ERFOLGS-FAKTOREN

10. Eröffnung des Gesprächs

(Lesedauer: 7 Minuten)

Der Tag ist gekommen, und nun ist es so weit: Du hast in Kürze den Termin mit deinem Chef oder deiner Chefin. Egal wie du geschlafen hast und wie viel Zeit du für die optimale Vorbereitung genutzt hast – du brauchst dir keine Sorgen zu machen. Das Adrenalin, das du aufgrund der Aufregung spüren wirst, wird dir helfen, voll wach, aufmerksam und konzentriert zu sein, und die richtigen Argumente werden dir im passenden Augenblick zufallen.[22] Dein Körper und all seine intuitiven Reaktionen sind deine Helfer, die dich in dieser Situation unterstützen.

Strategien gegen Nervosität

Wenn du dennoch dazu neigst, vor wichtigen Terminen aufgeregt zu sein, dann sind die folgenden fünf Strategien genau das Richtige für dich. Die Strategien basieren auf der sogenannten »BRAVO-Formel« von Ariane Willikonsky.[23] BRAVO steht für B-ewegung, R-uhe, A-ffirmation, V-isualisierung und O-ffensive. Du kannst sie nutzen, um dich vor Ereignissen, die dich nervös machen, zu beruhigen und stattdessen gelassen und selbstbewusst in das Gespräch gehen.

Bewegung

Stresshormone werden durch Bewegung abgebaut, daher solltest du dich vor dem Termin ordentlich bewegen. Du wirst spüren, wie mit steigender Anstrengung die Aufregung verschwindet. Gehe im Treppenhaus auf und ab, steige eine Haltestelle früher aus oder laufe eine Extrarunde im Gebäude.

Körperhaltung

Nimm eine selbstbewusste, starke Haltung ein. Deine Körperhaltung strahlt nicht nur unbewusst auf dein Gegenüber aus, sie signalisiert auch deinem Körper, deinen Gedanken und Gefühlen, dass du stark bist und dies schaffen wirst.

Atmung

Atme tief und langsam ein und aus, nutze das gesamte Volumen deiner Lunge. Dies kannst du vielleicht sogar unbemerkt an deinem Platz tun, zuletzt aber auch im Meetingraum, wenn du auf deinen Vorgesetzten oder deine Vorgesetzte wartest. Zähle bei jedem Einatmen bis fünf und bei jedem Ausatmen bis sieben. Das ist eine aus dem Yoga bekannte Übung, die hilft, zur Ruhe zu kommen und sich zu entspannen.

Positive Visualisierung

Rede dir gut zu und visualisiere einen erfolgreichen Ausgang des Gesprächs. Denke nur daran, dass alles in deinem Sinne funktionieren wird. Denn positive Affirmationen können dich in eine positive Stimmung bringen, was dir wiederum hilft, gelassen und erfolgreich im Gespräch zu sein.

Das Gespräch

Das eigentliche Gespräch entscheidet über deinen nächsten Karriereschritt. Die Hauptarbeit hast du durch deinen täglichen Beitrag in Form von guter Arbeit für deine Firma geleistet. Wichtig in diesem Gespräch ist, dass du deine Leistung richtig verkaufst, etwaige Bedenken oder Gegenargumente entkräftest und so die Weichen für deine Beförderung stellst.

Begrüßung und erster Stimmungscheck

Die ersten Sätze im Gespräch bestehen häufig aus Small Talk. Lass dich darauf ein, denn der unverfängliche Austausch hilft dir, die Stimmung des Gegenübers zu erfühlen und sich aufeinander einzustimmen.

Ist die Stimmung deines Gegenübers angespannt oder gestresst, so solltest du zumindest versuchen, dieses Hindernis aus dem Weg zu räumen, bevor ihr mit eurem Gespräch startet. Mögliche Strategien könnten sein:

- Problem ableiten
- Fürsorge und Motivation zeigen
- Zuhören

Problem ableiten

Wenn dein Chef oder deine Chefin in einer angespannten oder negativen Stimmung ist, so solltest du versuchen, diese Stimmung aufzulösen, bevor ihr beginnt, über deine Beförderung zu sprechen. Hierzu kannst du die Verstimmung direkt ansprechen und so das Problem von deiner Beförderung trennen.

✓ »Sie erscheinen angespannt, ist etwas vorgefallen? Kann ich Sie vielleicht bei der Lösung unterstützen?«

Dein Chef oder deine Chefin muss nun aus der Reserve und den Grund für seine bzw. ihre schlechte Stimmung nennen. Entweder liegt der Grund woanders, dann kann er bzw. sie den Ärger äußern, es dann aber auch dabei belassen. Bist du oder eins deiner Projekte Ursache für seine oder ihre schlechte Stimmung, so kannst du mit Rückfragen reagieren, um das Problem und die genaue Ursache zu identifizieren. Basierend darauf kannst du Lösungsvorschläge entwickeln, um dann gemeinsam mit deinem oder deiner Vorgesetzten die nächsten Schritte abzustimmen.

Außerdem solltest du am Ende überlegen, ob du weiterhin das Beförderungsgespräch führen möchtest oder ob die Stimmung gegebenenfalls nicht optimal ist, um heute darüber zu sprechen. Es bietet sich an, mit Hinweis auf die Dringlichkeit des Problems darum zu bitten, sich zuerst um das Problem kümmern zu können, um dann einen erneuten Termin nach dessen Lösung zu vereinbaren. Brich aber nur ab, wenn es absolut wichtig für dich erscheint. Das Gespräch trotzdem noch heute zu führen hat den Vorteil, dass du bereits heute erfährst, was notwendig ist, um befördert zu werden. Mit diesem Wissen kannst du besser deine Kompetenzen ausbauen und die entsprechenden Konsequenzen ziehen.

Fürsorge und Motivation zeigen

Sollte dein Chef oder deine Chefin verstimmt oder gestresst sein, so kannst du dies nutzen, um deinen Vorgesetzten oder deine Vorgesetzte für dich zu gewinnen. Besonders positiv wird dein Chef oder deine Chefin es aufnehmen, wenn du hilfsbereit und motiviert auf seinen oder ihren Stress reagierst.

✓ »Ich sehe, Sie ärgern sich über X. Kann ich noch etwas tun, um hier zu helfen?«

Dein Chef oder deine Chefin wird sich durch dich gestärkt fühlen, er oder sie wird es schätzen, wenn du ihn bzw. sie unterstützt. Wenn er oder sie auf dein Angebot eingeht, so investiere etwas Zeit in die Lösung seines bzw. ihres Problems. Dein Engagement wird sich für dich auszahlen.

Zuhören

Solltest du keinen Einfluss auf das Problem an sich haben und nur schwer helfen können, so kannst du zumindest zuhören und so deinem Chef oder deiner Chefin zeigen, dass du dich für die Probleme interessierst und da bist.

- ✓ »Wie geht es Ihnen, es scheint, als seien Sie mit einem Thema beschäftigt?«

Du gibst deinem Chef oder deiner Chefin die Möglichkeit, seinem bzw. ihrem Ärger Luft zu machen. Es wird unterschätzt, wie wenig Manager und Managerinnen die Möglichkeit haben, über ihre Probleme zu sprechen. Nutze die Chance, ein Ohr zu bieten und deinen Chef oder deine Chefin einfach mal reden zu lassen.

Unabhängig davon, ob du mit deinen Fragen die Stimmung deines Chefs oder deiner Chefin bessern kannst: Bleibe gelassen, denn alles darüber hinaus liegt nicht in deiner Hand. Am Ende des Tages muss dein Gegenüber professionell genug sein, das Gespräch fair zu führen und dir eine echte Chance zu geben. Wird dir das nicht ermöglicht, so solltest du deine Konsequenzen daraus ziehen. Denn du kannst nur wachsen und weiterkommen, wenn man dir die entsprechenden Chancen gibt.

Den Einstieg in das Thema finden

Das Eis ist gebrochen, und ihr habt die ersten Sätze miteinander ausgetauscht. Deine Nervosität hat sicherlich bereits etwas nachgelassen, und du kannst nun souverän zum eigentlichen Anlass für euren Termin wechseln. Im Folgenden findest du einige Beispielsätze für einen gelungenen Einstieg in das Thema.

Dein Chef oder deine Chefin fragt nach dem Anlass für den Termin

Sollte dein Chef oder deine Chefin euer Gespräch darauf lenken, so könnte er bzw. sie etwas sagen wie:

- ✓ »Nun zu Ihnen, was kann ich für Sie tun?«
- ✓ »Was bringt uns heute zusammen?«
- ✓ »Was kann ich für Sie tun?«
- ✓ »Sie wollen also über Ihre Karriere sprechen?«

Du kannst jetzt einfach erwidern: »Richtig, ich wollte mit Ihnen über meine Karriere und Entwicklungsmöglichkeiten sprechen«, und als Nächstes kannst du deine Argumente vortragen.

Du wechselst das Thema und sprichst den Anlass des Termins an

Wenn dein Chef oder deine Chefin nicht von selbst das Thema wechselt, so solltest du dies nach einigen Minuten Small Talk tun. Es ist schließlich kostbare Zeit, die du gerade mit deinem Chef bzw. deiner Chefin hast, die du optimal für dich und deine Karriere nutzen solltest.

Sobald eine kleine Pause entsteht oder ein Satz und Thema beendet wurde, kannst du das Thema wechseln.

- ✓ »Nun würde ich gerne auf den Grund unseres Termins zu sprechen kommen. Ich hatte um einen Termin gebeten, um über meine Karriere und Entwicklungsmöglichkeiten zu sprechen.«
- ✓ »Da stimme ich Ihnen zu. Vielen Dank auch nochmals für die Zeit heute. Ich hatte darum gebeten, um mit Ihnen über meine Karriere hier in dieser Firma zu sprechen.«

Wenn der Umschwung gemacht ist, kannst du im Anschluss in das Gespräch zu deiner Beförderung einsteigen.

Too long; didn't read

- → Wenn du vor dem Gespräch nervös bist, kannst du Folgendes tun, um Stress abzubauen und dich zu sammeln: dich bewegen, tief durchatmen, dir Mut zusprechen, deinen Erfolg visualisieren und eine selbstbewusste Körperhaltung einnehmen.
- → Small Talk eignet sich, um miteinander warm zu werden und deine Nervosität abzubauen.
- → Ist die Stimmung zu Beginn eures Termins schlecht, solltest du dies adressieren, indem du nach der Ursache fragst und deine Hilfe anbietest. So zeigst du gleichzeitig deine Motivation und Bereitschaft, für deinen Chef oder deine Chefin da zu sein.
- → Wenn dein Chef oder deine Chefin selbst nicht den Grund für das Gespräch anspricht, so solltest du das Thema nach kurzem Small Talk wechseln und auf den Anlass eures Treffens zu sprechen kommen.

11. Deine Argumente vortragen

(Lesedauer: 7 Minuten)

Endlich ist es so weit. All die Vorbereitungen, die du für diesen Moment getroffen hast, werden jetzt von Nutzen sein. Jetzt kannst du deine Forderung stellen und mit Argumenten untermauern. Im weiteren Dialog wirst du auf mögliche Gegenfragen oder Kritik von deinem oder deiner Vorgesetzten reagieren und deine Möglichkeiten austarieren.

Wie du dein Anliegen vorträgst

Man kann damit beginnen, dass man zuerst das Ziel benennt, zum Beispiel die Beförderung zu Position X mit einer Gehaltsanpassung, und daraufhin die Forderung mit Argumenten untermauert. Ebenso gut kann man mit der Aufzählung der Leistungen, Qualifikationen und Erfolge beginnen und dann final damit schließen, dass aufgrund all dieser Argumente eine Beförderung zu Position X mit Gehaltsanpassung gefordert wird. Wähle den Weg, der sich für dich einfacher anfühlt.

Wenn du die Argumente vorträgst, so nutze alles, was du in Kapitel 6, »Vorbereitung der Argumente und Steigerung deiner Sichtbarkeit«, gesammelt hast, und die dort vorgeschlagene Herangehensweise, mit besonders starken Argumenten deinen Vortrag zu starten und zu schließen. Außerdem solltest du positives Feedback von Kunden und Kundinnen sowie Kollegen und Kolleginnen teilen und Qualifikationen nennen.

Kritische Rückfragen deines Chefs oder deiner Chefin

Dein Chef oder deine Chefin wird wahrscheinlich Rückfragen zu deinen Argumenten stellen oder an der ein oder anderen Stelle versuchen, Punkte zu widerlegen. Schließlich ist es sein bzw. ihr Ziel, das Team leistungsstark, aber auch die Kosten im Rahmen zu halten.

Reagiere offen und sachlich. Erlaube deinem Gegenüber, einen Punkt zu machen. Vielleicht hast du ein weiteres Argument parat, was sein bzw. ihr kritisches Feedback widerlegt? Und wenn nicht, dann lass ihm oder ihr den Punkt. Durch deine gute Vorbereitung solltest du ja eine lange Liste an Argumenten haben.

Deine Beförderung fordern

Neben deinen Argumenten für deine Leistung solltest du deutlich machen, welche Position du anstrebst. Um deinem Anliegen eine gewisse Dringlichkeit zu verleihen, kannst du abschließend etwas sagen wie: »Aufgrund all dieser Leistungen und Qualifikationen denke ich, dass eine Beförderung zu Position X angemessen ist, denn meine aktuelle Position spiegelt nicht mehr das wider, was ich tatsächlich leiste.«

Ziel ist es, die Bitte um die Beförderung so vorzutragen, dass klar wird, dass du bereits das Stellenprofil der angestrebten Position ausübst, nur lediglich die offizielle Anerkennung in Form der Beförderung fehlt. Gleichzeitig ist deine Beförderung auch für deine Firma ein Gewinn, denn du wirst größere Aufgabenfelder übernehmen und mehr Verantwortung tragen.

Investition in die Zukunft

Beförderungen basieren auf vergangenen Erfolgen und Leistungen, sind aber aus Sicht deines Chefs oder deiner Chefin eine Investition in die Zukunft der Firma. Für Vorgesetzte geht es darum, was du dem Unternehmen in der neuen Position bringen wirst. Welche konkreten Ziele etwa hast du? Welchen positiven Beitrag zur Entwicklung deiner Firma kannst du leisten?

Daher solltest du auch darüber sprechen, was du in deiner neuen Position erreichen möchtest. Was sind etwa deine konkreten Ziele? Wie möchtest du positiv zu der Entwicklung deiner Firma beitragen?

Gib deinem Chef oder deiner Chefin eine Vision davon, was auch für ihn bzw. sie durch deine Beförderung besser wird. Kannst du größere Aufgabenbereiche übernehmen? Wirst du ihm bzw. ihr Verantwortung abnehmen? Kannst du jüngere Teammitglieder coachen? Je besser deine Beförderung auch für die Firma und dein Team ist, desto lieber wird sich dein Chef oder deine Chefin für deine Beförderung einsetzen. Dies ist besonders wichtig, wenn er bzw. sie selbst nicht final entscheiden kann, sondern dein Anliegen gegenüber anderen durchsetzen muss.

> Überlege, in welcher Hinsicht deine Beförderung positiv für deinen Vorgesetzten oder deine Vorgesetzte und deine Firma ist. Kannst du mehr Verkäufe erzielen, mehr Aufgaben bewältigen, dem Chef oder der Chefin mehr abnehmen? Schreibe alle Punkte auf.

Die Vision deiner Leistung in der neuen Position kannst du abschließend vortragen. Wenn du über deine Erfolge, Qualifikationen und Feedback gesprochen hast, kannst du nochmals auf die angestrebte Position und das, was du in der Position erreichen möchtest, eingehen.

Gehaltserhöhung nicht vergessen

Im selben Atemzug mit der Forderung nach der Beförderung sollte auch die Gehaltserhöhung angesprochen werden. Schließlich geht das eine nicht ohne das andere – auch wenn ausgefuchste Vorgesetzte es vielleicht probieren werden, nur einen Titel und keine Gehaltsanpassung zu vergeben. In Kapitel 6, »Vorbereitung der Argumente und Steigerung deiner Sichtbarkeit«, findest du alle Informationen dazu, wie du dein Wunschgehalt bestimmst.

Die Gehaltsfrage kannst du mit folgenden Sätzen elegant einbringen:

✓ »Meine aktuelle Position und mein Gehalt spiegeln nicht mehr meine Leistung wider.«
✓ »Ich halte es für angebracht, dass mit meiner Beförderung und meinem vergrößerten Aufgabenbereich auch mein Gehalt angepasst wird.«
✓ »Eine entsprechende Gehaltsanpassung sollte mit den neuen Aufgaben und Verantwortungen einhergehen.«

Das Wort »Gehaltsanpassung« anstatt »Gehaltserhöhung« kann hier verwendet werden, da es sachlicher klingt und mehr danach, dass es basierend auf deiner Leistung gewährt wird. Das Wort »Gehaltserhöhung« klingt dagegen nach steigenden Kosten für deinen Chef bzw. deine Chefin.

Besser klingt »Gehaltsanpassung« anstatt »Gehaltserhöhung«.

Es ist ratsam, nicht direkt einen Betrag zu nennen, um nicht versehentlich zu wenig zu fordern. Du solltest aber auf die Frage nach deinem Wunschgehalt gefasst sein und eine gute Antwort parat haben.

Wenn dein Chef oder deine Chefin nun direkt fragt, wie viel Geld du forderst, so kannst du entgegnen, was du für ein Wunschgehalt für dich ermittelt hast. Verwende einen Satz wie »12 Prozent mehr sind im Branchenvergleich eine faire Summe« oder »55 000 Euro werden üblicherweise für eine Position X bezahlt«.

Ist dir das Gehalt sehr wichtig und du hast Sorge, dass ein bestimmter Betrag vielleicht nicht für dich eingeplant wird, so solltest du in jedem Fall deine exakte Forderung anbringen.

Werde so konkret wie möglich und nutze mögliche Rückfragen deines Chefs oder deiner Chefin, um die Summe mit Argumenten zu untermauern. Wiederhole wichtige Leistungen und Erfolge, welche den Betrag rechtfertigen. Erwähne auch, wo du Geld einsparen kannst und was du in Zukunft für die Firma leisten möchtest.

Wenn allein mehr Gehalt gefordert wird

Wenn dein Ziel hauptsächlich eine Gehaltserhöhung ist, solltest du deine Argumentation entsprechend gestalten. Der Fokus sollte in diesem Fall auf deinen außergewöhnlichen Leistungen und Erfolgen liegen, die du für das Unternehmen erzielt hast. Es ist wichtig, dass du dich bewiesen hast und deine Erfolge sichtbar sind. Zähle daher deine besten Ergebnisse auf und belege sie durch konkrete Zahlen und Fakten, um deine Argumentation zu untermauern.

Es ist auch von Bedeutung, dass du deine Vergütung im Kontext des Marktes betrachtest und deine Gehaltsvorstellungen auf Basis von Vergleichsdaten und Branchenstandards präsentierst. Dabei solltest du immer im Auge behalten, dass du deinem Vorgesetzten bzw. deiner Vorgesetzten deine Leistung und deinen Wert für das Unternehmen aufzeigst, sodass er oder sie einer Gehaltserhöhung gegenüber aufgeschlossen ist.

Allein eine Gehaltsanpassung zu erkämpfen, erfordert ebenso viel Vorbereitung und Arbeit wie der Versuch, Beförderung und Gehaltsanpassung in einem zu erlangen.

Überlege gut, ob du wirklich nur die Gehaltsanpassung ohne neue Position möchtest.

Eine gute Freundin suchte zu einem Zeitpunkt, als der Arbeitsmarkt angespannt war, nach einem neuen Job. Private finanzielle Verpflichtungen für ihre Wohnung setzten sie unter Zeitdruck, schnell eine Position zu finden, und ließen ihr wenig Zeit für die Suche. Als sie dann ihr Einstiegsgehalt verhandelte, saß sie einem in Verhandlungen äußerst geübten Geschäftsführer gegenüber. Sie hatte sich nicht vorbereitet und ihm ehrlich Auskunft über ihr vorheriges Gehalt gegeben, was er voll ausnutzte. Zudem sagte er, dass er sie nur zu einem ähnlich niedrigen Lohn einstellen könne. So kam es, dass ihr Einstiegsgehalt deutlich unter ihrem Potenzial und Marktwert lag.

Nach einem halben Jahr wurden immer mehr Kollegen und Kolleginnen eingestellt, und nach einer Weile erfuhr sie, dass diese deutlich besser verdienten als sie. Sie waren nämlich von einem neuen Chef eingestellt worden, der ihre Positionen und Aufgaben anders bewertete als der Geschäftsführer.

Natürlich spornte die Information über das Gehalt der anderen meine Freundin an, und so bat sie um die Korrektur ihres Gehalts. Und tatsächlich konnte sie, wenn auch nicht sofort, ihr Gehalt deutlich erhöhen. Sie musste zunächst auf Bitten ihres Chefs ein weiteres halbes Jahr warten. Danach aber erhielt sie eine gute Gehaltserhöhung, die sie zu ihren Kollegen und Kolleginnen aufschließen ließ.

Du kannst verschiedene Wege wählen, um die Gehaltsanpassung anzusprechen. Vorab kannst du offen ankündigen, dass du über deine Leistung und dein Gehalt reden möchtest. Wenn du dann mit deinem Chef oder deiner Chefin sprichst, kannst du ebenso direkt darum bitten, dein Gehalt anzupassen:

- ✓ »Die aufgezählte Leistung erbringe ich gerne und motiviert, aufgrund der gestiegenen Anforderungen und Erfolge meinerseits sehe ich aber auch, dass ich eine Gehaltsanpassung brauche.«

Too long; didn't read

- → Mit der Frage nach der Beförderung kannst du deine Argumentation beginnen oder beenden, gefolgt von den Argumenten, die die Forderung untermauern.
- → Das erste und letzte Argument sollte besonders stark sein, da diese stärker in Erinnerung bleiben.
- → Kernteil der Argumente sind Qualifikationen, Leistungen, Erfolge und positives Feedback.
- → Reagiere offen und positiv auf Rückfragen und mögliche Gegenargumente.
- → Zusätzlich sollte eine Vision dessen geteilt werden, was man in der neuen Position leisten möchte und was der Chef oder die Chefin zu erwarten hat, damit er bzw. sie ebenso interessiert daran wird.
- → Wenn die Beförderung gefordert wird, sollte dargelegt werden, dass du bereits alle Aspekte der höheren Stelle ausfüllst.
- → Nicht vergessen zu erwähnen, dass eine Gehaltsanpassung mit der Beförderung einhergehen sollte.
- → Wenn du allein eine Gehaltserhöhung forderst, sollten deine Argumente stärker auf herausragender Leistung und Erfolgen liegen anstatt auf Qualifikationen.

12. Die 7 häufigsten Fehler

(Lesedauer: 22 Minuten)

Neben der Vorbereitung, die dir hilft, im Gespräch erfolgreich zu sein, solltest du dir auch über mögliche Fettnäpfchen und Fehler bewusst sein. Ich habe Kollegen und Kolleginnen erlebt, die mit stolzer Brust in das Gespräch gingen und ihre starke Strategie teilten, doch das Ergebnis war das genaue Gegenteil. Manche von ihnen wurden vom Top-Performer auf die Ersatzbank gesetzt, ihnen wurde langsam der Hahn abgedreht. Doch wieso? Weil sie ihren Chef oder ihre Chefin mit ihren Ankündigungen und stolzen Aussagen erpresst und bedroht haben. Niemand fördert jemanden, der einem gefährlich wird. Genauso steht es um chronische Nörgler und demotivierte Teammitglieder.

Daher hüte dich vor folgenden typischen Fehlern:

1. Das eigene Gehalt mit dem der Teammitglieder vergleichen
2. In deinen Forderungen andere mit ins Spiel bringen
3. Vergleiche zu anderen Unternehmen ziehen
4. Beleidigung oder Kritik an den Vorgesetzten
5. Drohungen und andere Druckmittel in Verhandlungen
6. Private Gründe als Argument für eine Gehaltserhöhung
7. Sich überschätzen

Das eigene Gehalt mit dem der Teammitglieder vergleichen

»Frau X verdient mehr, dabei hat sie deutlich weniger zu tun«, so denkst du sicherlich immer wieder. Doch eine solche Aussage gegenüber dem Chef oder der Chefin zu treffen, führt nicht dazu, dass dein Chef oder deine Chefin denkt, dass du recht hast. Ganz im Gegenteil – bei ihm oder ihr werden die Alarmglocken angehen, und er bzw. sie wird sich fragen, woher du das Gehalt deiner Kollegin kennst. In den meisten Verträgen steht ja, dass dies geheim zu halten ist. Du zeigst also, dass du eine Vereinbarung gebrochen hast, und darüber hinaus nutzt du dies gegenüber deinem Chef bzw. deiner Chefin aus.[24]

Aus deiner Perspektive ist es das Beste, was dir passieren kann, die Gehälter deiner Kollegen und Kolleginnen zu kennen. Natürlich ist es ratsam, dich dazu mit deinen Kollegen und Kolleginnen auszutauschen, denn es wird deine Verhandlungssituation stärken. Dennoch kannst du dieses Wissen nicht als Argument in der Verhandlung verwenden. Es kann die unterschiedlichsten Gründe für die Gehaltsdifferenz geben. Vielleicht sind Fachkräfte mit dem Profil deines Kollegen bzw. deiner Kollegin besonders rar, oder die Fachkraft wurde zu euch abgeworben, weil er bzw. sie wertvolles Wissen von der Konkurrenz mitbringt.

Zeige niemals, dass du konkrete Informationen über die Gehälter deiner Kollegen oder Kolleginnen hast. Sprich besser von »Branchenvergleich«.

Eleganter ist es zu sagen: »Im Branchenvergleich liege ich unter dem durchschnittlichen Einkommen mit meinen 45 000 Euro im Jahr.« Die durchschnittlichen Gehälter deiner Rolle in deiner Branche solltest du über eine schnelle Google-Recherche herausfinden können.

Too long; didn't read

- → Dich mit Kollegen und Kolleginnen über das Gehalt auszutauschen kann dir helfen, dein Gehalt besser einzuschätzen und adäquate Forderungen zu stellen.
- → Lege gegenüber deinen Vorgesetzten aber niemals offen, dass du andere Gehälter kennst. Denn von deinen Vorgesetzten kann dies als Betrug verstanden werden.

In deinen Forderungen andere mit ins Spiel bringen

Du kannst in zweierlei Form Kollegen und Kolleginnen in deine Verhandlung einbringen. Zum einen, indem du im Namen anderer oder einer Gruppe sprichst, oder indem du über Kollegen und Kolleginnen positiv oder negativ redest. Idealerweise solltest du in deinem Karrieregespräch überhaupt nicht über Kollegen und Kolleginnen sprechen. Dies könnte dir leicht zum Nachteil werden.

Für die Gruppe sprechen

Du hast dich mit deinen befreundeten Kollegen und Kolleginnen ausgetauscht und findest sie ebenso ungerecht bezahlt wie dich. Du hast also das Gefühl, dass ihr hier gemeinsam etwas erreichen wollt. Wie naheliegend ist es da, gleich für die gesamte Gruppe zu sprechen!

Außerdem fühlt es sich nicht ganz so schwer für dich an, wenn du dich nicht auf dich konzentrierst, sondern auf die Gruppe. Es steigert obendrein vielleicht sogar deine Beliebtheit.

> *Als ich ein kleines Team gemanagt habe, gab es immer wieder eine Aufrührerin. Sie machte sich zur Anführerin der Unzufriedenen und nutzte jede Gelegenheit, für die Gruppe zu sprechen und im*

Namen aller Kritik an diesem und jenem zu äußern. Dieses Verhalten war mir schnell ein Dorn im Auge, und ich nahm sie als den alleinigen Grund der Unruhe war. Ich hatte den Eindruck, dass sie diejenige war, die den anderen Flausen in den Kopf setzte.

Kurz bevor wir ihr nahelegten, die Firma zu verlassen, kam es zu einem Gespräch, in dem sie auch ihre Unzufriedenheit mit ihrem Gehalt ansprach. Auch hier verfiel sie wieder in die »Wir«-Form, und mir platzte der Kragen, weil sie schon wieder die Gruppe einbezog. All ihre Aussagen machten die Situation nur noch schlimmer, denn wie sollte ich sie bewerten und sachlich über ihre Leistungen sprechen, wenn sie immer wieder in die Wir-Form abrutschte und alles durcheinanderwarf?

Nicht nur, dass eine Beförderung für sie aus unserer Perspektive nicht infrage kam. Wir entschieden uns im Nachgang außerdem für das genaue Gegenteil, nämlich dafür, uns von ihr zu trennen. Sie war toxisch für das Team, und es war höchste Zeit, wieder Struktur und positive Energie ins Team zu bringen.

Konzentriere dich auf deine Leistung und deine Erfolge. Auch wenn du im Team arbeitest, geht es im Beförderungsgespräch ganz allein um dich und deinen Beitrag.

Kollegen und Kolleginnen loben

Wenn du nicht für die Gruppe sprichst, so kann es stattdessen sein, dass du vielleicht dazu neigst, Kollegen und Kolleginnen gerne zu loben.

Spiele deine Leistung niemals herunter oder stelle sie hinter die Leistung einer Gruppe.

So sympathisch du es auch finden magst: Sympathie führt nicht dazu, dass du das Gehalt und die Position erhältst, die du verdienst. Ganz im Gegenteil, es wird dazu führen, dass du unzufrieden auf einer Position stehen bleibst, die nicht deinen Fähigkeiten entspricht. Du wirst nicht weniger oder mehr beliebt sein, wenn du für deine Leistungen einstehst. Wenn man genau darüber nachdenkt, so kannst du dich in einer höheren Position sogar besser für deine Kollegen und Kolleginnen einsetzen, ihnen helfen, ihre Karrieren zu gestalten.

Kollegen und Kolleginnen kritisieren

Das Gegenstück zum Loben von Kollegen und Kolleginnen ist, wenn du ihre Leistung vor deinem oder deiner Vorgesetzten heruntermachst. Auch dies ist eine gern genutzte Taktik, für die es verschiedene Gründe gibt:

- Wenn Mitarbeitende das Gefühl haben, dass sie mit jemandem verglichen werden
- Wenn Mitarbeitende denken, dass ihre Leistung nicht gesehen wird
- Wenn Mitarbeitenden missfällt, dass ihr Chef oder ihre Chefin sich gut mit einer anderen Mitarbeitenden versteht oder ihre Leistung lobt
- Um die Schuld jemand anderem zu geben

Kollegen und Kolleginnen werden selten aus einer Position der Stärke von einem Mitarbeitenden kritisiert, sondern vielmehr aus Neid oder Angst.

Es kommt häufig vor, dass im Gespräch unter vier Augen mit dem oder der Vorgesetzten schlecht über Kollegen gesprochen wird. Vielleicht denkst du, dass du deine Chancen verbessern kannst, indem du die Leistung, Kenntnisse oder Gründlichkeit eines Kollegen bemängelst. Aber sei vorsichtig: Dein Chef oder deine Chefin wird darüber nachdenken, warum du diese Kritik äußerst, und höchstwahrscheinlich durchschauen, was du tust. Wenn er bzw. sie bemerkt, dass du aus Angst oder Neid handelst, zeigst du, dass du keine Führungspersönlichkeit bist und besser auf einer unteren Position bleibst. Behalte im Hinterkopf, dass nur das Verhalten eines Leaders dich in eine Führungsposition bringen kann.

Das Beispiel eines unsympathischen Egoisten, der es trotz allem geschafft hat, mag dir bekannt sein. Doch in der heutigen Arbeitswelt haben solche Personen mit Gegenwind zu kämpfen und sind immer seltener anzutreffen.

Wenn du Kritik äußern möchtest, gibt es nur eine richtige Methode: direkte Kommunikation mit der betreffenden Person.

Suche das Gespräch unter vier Augen und trage deine Anliegen konstruktiv vor, damit dein Gegenüber eine Chance hat, den Aspekt zu korrigieren. Wenn trotzdem keine Veränderung eintritt, kannst du natürlich auch deinen Vorgesetzten bzw. deine Vorgesetzte aufsuchen. Wichtig dabei ist, stets sachlich und konstruktiv zu bleiben, um einen positiven Eindruck zu hinterlassen und dich als umsichtigen Mitarbeitenden oder angehenden Leader zu zeigen.

Merke dir: Wenn es um deine Leistung geht, ist es unwichtig, was andere tun.

Andere ins Spiel zu bringen, ist immer ein Spiel mit dem Feuer. Konzentriere dich auf deine eigene Arbeit und bleibe professionell in deinem Handeln.

Too long; didn't read

- → Sprich immer nur von deiner Meinung, deinen Forderungen, niemals von der Gruppe. Die Gefahr ist zu groß, dass es negativ auf dich zurückfällt, wenn du für eine Gruppe sprichst.
- → Stelle deine Leistung nicht in den Schatten deiner Kollegen, sondern traue dich, deine Erfolge herauszustellen.
- → Kollegen und Kolleginnen sollten nur konstruktiv kritisiert werden, außerdem sollte die Kritik zuerst an die Betroffenen herangetragen werden, bevor sie gegenüber Dritten geäußert wird.

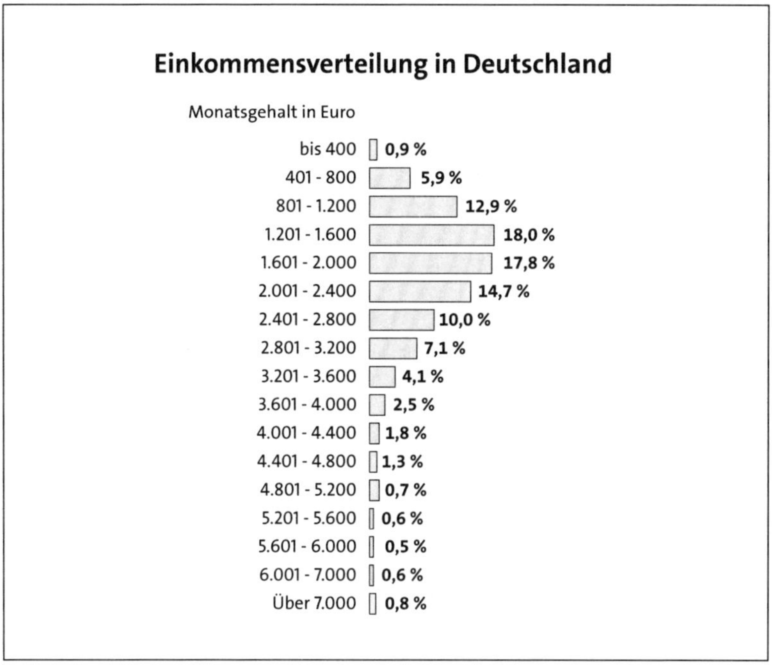

Quelle: Destatis, 2020[25]

Vergleiche zu anderen Unternehmen ziehen

Nachdem du recherchiert hast, was du in anderen Unternehmen verdienen könntest, ist es verständlich, dass du auf der Suche nach einem für dich optimalen Paket bist. Insgesamt ist es wichtig und gut, dass du stetig deine Optionen überprüfst und darauf achtest, dass du das für dich beste Paket auswählst.

Die obige Grafik zeigt, wie häufig in Deutschland verschiedene Einkommensgruppen sind. Dies kann dir helfen einzuschätzen, wo du liegst und auf welches Ziel du hinarbeiten kannst.

Allerdings sollte man bei einem Vergleich mit anderen Unternehmen vorsichtig sein, da die Art und Weise, wie man das Argument aufbaut, von entscheidender Bedeutung ist. Ein unbedachter Vergleich und eine falsche Formulierung können schnell zu einem falschen Eindruck bei deinem Chef bzw. deiner Chefin führen. Es empfiehlt sich daher, eine sachliche Herangehensweise zu wählen, um das bestmögliche Ergebnis zu erzielen.

Drüben ist das Gras grüner

Du hast gehört, dass ein anderes Unternehmen in deiner Branche bessere Boni zahlt, mehr Benefits bietet und insgesamt mehr Freiheiten? Gut für dich. Was aber wird dein Vorgesetzter oder deine Vorgesetzte denken, wenn du dies im Gespräch mit anbringst? Richtig: »Wieso bist du dann noch hier?«

Denn so ist es. Im Gespräch mit deinem Management haben Vergleiche der Leistungen und Benefits mit anderen Unternehmen nichts zu suchen. Du wirst nicht erreichen, dass deine Vorgesetzten sagen: »Alles klar, bekommst du auch.« Durch deine Kritik erzeugst du eher den Eindruck, dass du wahrscheinlich bald weg bist.

Wer offen Kritik äußert, der verliert die Gunst der Firma. Dein Management möchte Mitarbeitende, die loyal gegenüber ihrem Arbeitgeber sind.

Du magst den Vergleich ziehen, um deinem oder deiner Vorgesetzten eine subtile Botschaft zu vermitteln. Du möchtest ihm oder ihr signalisieren, dass du zwar noch in der Firma bist, aber bald deine Optionen überprüfen wirst, da du von anderen Stellenangeboten erfahren hast, die attraktiver erscheinen. Doch bevor du handelst, solltest du gedanklich die Position deines oder deiner Vorgesetzten einnehmen: Wie würdest du dich fühlen, wenn deine Mitarbeiter so etwas äußern?

Um diese Situation auf dein privates Umfeld zu übertragen: Stell dir vor, deine enge Freundin erzählt dir von anderen Freunden, die viel cooler, lustiger und modischer sind als du und bessere Geschenke machen. Du würdest dich vermutlich ein wenig verletzt fühlen, und so geht es auch deinem Arbeitgeber.

Daher ist es leider nicht empfehlenswert, durch einen Vergleich dieser Art Kritik zu äußern oder zu hoffen, dass dies deine Position verbessern wird. Es ist besser, deine Optionen sorgfältig zu prüfen und konstruktiv mit deinem Vorgesetzten zu sprechen, um gemeinsam Lösungen zu finden, die für beide Seiten von Vorteil sind.

Ich kenne meinen Wert

Eine erfolgreiche Strategie kann dagegen sein, dass du klar Stellung beziehst zu deinem persönlichen Wert. Du kannst dies tun, indem du prüfst, welches Gehalt in einer anderen Firma in einer vergleichbaren Position möglich wäre. Dies bringst du in Erfahrung, indem du etwa mit Headhuntern im Austausch bist, Stellenausschreibungen in deiner Branche verfolgst und vielleicht auch ab und an Interviews mit anderen Unternehmen führst. Die gewonnenen Informationen werden dir ein aussagekräftiges Bild über deinen Wert und zu deinen realen Möglichkeiten auf dem Jobmarkt geben.

Regelmäßig den eigenen Marktwert zu prüfen und mit anderen Unternehmen in Austausch zu gehen, wird dir dabei helfen, zu verstehen, welche Fähigkeiten und Kompetenzen besonders in deiner Branche gefragt sind.

Du wirst sehen, welche Skills häufig abgefragt werden, und kannst passende Projekte wählen, die dir erlauben, diese Skills auszubauen.

Häufig lohnt es sich, den Job zu wechseln. Stepstone hat hierzu die eigenen Daten ausgewertet und konnte feststellen, dass durchschnittlich 8 Prozent mehr Gehalt bei einem Jobwechsel drin waren.[26] Selbst mehrmalige Wechsel lohnten sich finanziell. Hier ist allerdings die Frage, wie sehr häufige Wechsel im Lebenslauf bei zukünftigen Arbeitgebern ankommen. Die reale Spanne für Gehaltssprünge bei einem Jobwechsel ist allerdings deutlich höher; in meinem Umfeld konnte ich Schritte von bis zu 40 Prozent beobachten.

Gleichzeitig bringt ein Jobwechsel auch Herausforderungen mit sich; er bedeutet, aus der Komfortzone herauszutreten und womöglich einen Job, den du gerne machst, zu verlassen. Ein Wechsel muss also mehr Pluspunkte bringen als nur das Gehalt. Auch sollten die Aufgaben genau deinen Wünschen entsprechen, die Entwicklungsmöglichkeiten gut sein und das Team dir zusagen. Was für uns hier also viel wichtiger ist, ist die Information über deinen Wert. Wenn du diese hast, kannst du sie gezielt zu deinem Nutzen einsetzen.

Wenn du im Gespräch mit deinem oder deiner Vorgesetzten bist, kannst du die Information über deinen Marktwert vielfältig für dich nutzen. Wirst du etwa in die Ecke gedrängt und deine Leistung oder Fähigkeiten kleingemacht, so hast du das Wissen und die Sicherheit, hier selbstbewusst auftreten zu können. Du kennst schließlich deinen Wert.

Wer seinen Wert kennt, kann selbstbewusst auftreten und die besten Ergebnisse erzielen.

Ein Satz wie: »Ich werde regelmäßig von Headhuntern kontaktiert, welche mir X anbieten, dennoch glaube ich an diese Firma und meinen Beitrag. Gerne möchte ich mit Ihnen zusammen erarbeiten, wie meine Karriere hier gestaltet werden kann«, kann äußerst wirkungsvoll sein. Wichtig ist, dass du niemals sagst, dass du aktiv einen anderen Job suchst, sondern es immer so darstellst, dass du als Talent von anderen Firmen angesprochen und umworben wirst.

Seit meinem Studium versuchte ich, zu meiner damaligen Traumfirma SAP zu kommen – dem erfolgreichsten europäischen Tech-Konzern mit spannenden Jobs in meiner Region. Ich scheiterte allerdings erst mit meinen schriftlichen Bewerbungen, später im Assessment-Center. Ich weiß inzwischen, dass solche Enttäuschun-

gen normal sind und häufig noch nicht einmal etwas mit uns zu tun haben, sondern mit äußeren Umständen. Trotz der Absagen blieb ich mit manchen Mitarbeitern des DAX-Konzerns in Kontakt, wir sahen uns auf Meet-ups der Branche. So erfuhren sie, dass ich eines Tages ein attraktives Angebot der Unternehmensberatung BCG vorliegen hatte. Um ehrlich zu sein, war ich selbst nicht allzu erpicht auf diesen Job. Doch das Image von BCG und dass sie mich wollten, setzte auf einmal neue Kräfte in Gang, es war wie ein Beweis für meine Qualifikation und steigerte meinen Marktwert. So kam es zu einer erneuten Einladung von SAP, woraufhin ich endlich ein Jobangebot erhielt.

Marktwert prüfen in fünf Minuten

Für alle, die wenig Zeit haben, empfehle ich diese drei Schritte, um den eigenen Marktwert zu definieren:

1. Lies dir ein paar Gehaltsvergleiche durch. Die Google-Suche »Gehaltsvergleich«, »Job« und »Ort« ist in der Regel ausreichend, um ein paar interessante Übersichten zu finden.
2. Lies dir drei bis fünf Stellenangebote durch, die vergleichbar mit deiner Position sind. Schaue nach Aufgabenbereich, Verantwortung und Gehalt.
3. Schreibe Headhunter auf LinkedIn an: Wenn du in der LinkedIn-Suche »Headhunter« (deine Branche, zum Beispiel »Marketing Frankfurt«) eingibst, erhältst du eine Liste an möglichen Matches. Schick einfach einer Auswahl von ihnen denselben Text:

   »Hi, NAME, ich bin auf der Suche nach neuen Herausforderungen und offen für einen Wechsel. Können Sie mir sagen, ob Sie passende Positionen zu meinem Lebenslauf haben und was die möglichen Positionen und Gehaltsspannen sind, die Sie für mich sehen?
   Ich freue mich, von Ihnen/dir zu hören, NAME«

Too long; didn't read

- → Vergleiche mit anderen Firmen, die eine versteckte Kritik an der eigenen Firma darstellen, werden vom Vorgesetzten als genau das aufgenommen: als Kritik.
- → Regelmäßig die eigenen Möglichkeiten und den Marktwert zu prüfen, kann helfen, stärker in der Verhandlung aufzutreten und die eigene Karriere gezielter ausrichten zu können.
- → Der eigene Marktwert kann schnell und effizient über Online-Gehaltsvergleiche, das Lesen von Stellenausschreibungen und den Austausch mit Headhuntern festgestellt werden.

Beleidigung oder Kritik an den Vorgesetzten

Es ist immer ein Fehler, den eigenen Vorgesetzten bzw. die Vorgesetzte zu beleidigen, da dies unabänderliche Konsequenzen für die Karriere haben kann. Aber bist du dir dessen bewusst, was alles als Beleidigung von deinen Vorgesetzten empfunden wird? Es passiert nicht selten, dass wir versehentlich Personen angreifen, von denen wir beruflich abhängig sind.

Kritik an Vorgesetzten muss stets äußerst professionell und sachlich formuliert sein.

Ich habe in einer Führungsposition die verschiedensten Mitarbeitenden erlebt. Solche, die immer ihre Arbeit machten, konstruktiv mitdachten und so meinen größten Respekt gewonnen haben. Für ihre Beförderung kämpfte ich, ohne dass sie etwas sagen mussten. Denn um keinen Preis wollte ich diese tollen Mitarbeitenden verlieren.

Daneben gab es solche, die dazu neigten, zu kritisieren und zu meckern. Manchmal hatten sie vielleicht recht und halfen mir, Dinge zu sehen, die mir sonst nicht aufgefallen sind. Die meiste

Zeit aber hatte ich den Eindruck, dass sie so von ihrer eigenen schlechten Leistung ablenken wollten. Aber unabhängig davon, was der Grund war, beginnt man automatisch, diese Mitarbeitenden in einem anderen Licht zu sehen. Der Austausch wird kürzer, förmlicher, und man vermeidet es sogar, sich mit solchen Mitarbeitenden länger als nötig auszutauschen. Wer will schon jemanden jammern und meckern hören? Niemand.

Kritik sollte zwar bei jeder Führungskraft willkommen sein, denn sie hilft zu wachsen und Dinge tatsächlich zu verbessern. Dennoch kommt es auch darauf an, in welcher Form die Kritik geäußert wird. Ist Kritik sachlich und konstruktiv, vielleicht bereits mit einem Vorschlag, wie das Kritisierte ersetzt werden kann? Dann wird jede Führungskraft offen für die Anregung sein, sogar dankbar. Wird es aber vorwurfsvoll und persönlich, so wird der oder die Vorgesetzte wiederum dich dafür kritisieren.

Wenn du jedoch bemerkst, dass das Gespräch vom sachlichen Ton abweicht und emotional wird, ist es besser, die Kritik zurückzuhalten. Denn eine unsachliche Kritik kann deinem Ansehen schaden und somit auch deinen Karrierechancen im Unternehmen.

Too long; didn't read

- → Eine Beleidigung verhindert es, Karriere zu machen; niemand befördert Angreifer.
- → Auch bei Kritik sollte man achtsam sein; sie sollte unbedingt konstruktiv und sachlich formuliert sein. So kann sie vom Empfänger ebenso professionell aufgenommen werden.

Drohungen und andere Druckmittel in Verhandlungen

Hast du schon mal darüber nachgedacht, deinem oder deiner Vorgesetzten zu sagen, dass du kündigst, wenn er bzw. sie nicht auf deinen Wunsch eingeht? Oder dass du wirklich nicht mehr motiviert bist, wenn du Projekt X übernehmen musst? Oder dass du wirklich sauer bist, wenn das Weihnachtsgeld wegfällt, und dein Chef bzw. deine Chefin die Konsequenzen dann zu spüren bekommt?

Alles ist bereits vorgekommen, und weitaus mehr wurde bereits von Mitarbeitenden angemahnt, gedroht und vielleicht sogar versucht zu erpressen. Dennoch gilt: Eine Drohung gegenüber den Vorgesetzten bringt einen niemals weiter.

Als Drohung kann es aufgefasst werden, wenn du ein Ultimatum setzt oder bestimmte Konsequenzen ankündigst.

Wenn man seinem oder seiner Vorgesetzten keinen Ausweg lässt, handelt es sich um Erpressung.

Ein Freund von mir plante sein Gespräch zur Beförderung und sammelte fleißig Argumente. Er hatte sich als Strategie ausgemalt, alle Argumente auf den Tisch zu legen und final, als Highlight seiner Vorstellung, als Gipfel seiner Argumentation, damit zu drohen, dass er die Firma verlasse, wenn er nicht befördert werde. Er dachte, dass er unserer Chefin so keinen anderen Ausweg, als ihm seine Beförderung zu geben, lasse. Er wollte nichts offenlassen und so nur eine Antwort erlauben – die Beförderung.

Es kam aber ganz anders. Er bekam die Beförderung nicht, obwohl seine Leistung sehr gut war. Heute verstehe ich unsere damalige Chefin. Sobald man das Gefühl hat, von jemandem erpresst oder zu etwas gezwungen zu werden, verspürt man Widerstand. Unabsichtlich machte er sie nicht zu seiner Verbündeten in diesem Anliegen, sondern zu seiner Gegnerin. Denn er hatte ja den Krieg erklärt.

Nach dieser Schlappe, die Beförderung nicht erhalten zu haben, musste er seine Drohung wahr machen und sich nach einem anderen Job umsehen. Sein Ansehen hatte er verloren. Jetzt noch zu bleiben, wäre ein totaler Gesichtsverlust für ihn gewesen, und die Chefin hätte ihn und seine Aussagen in Zukunft nicht mehr ernst genommen.

Eine Drohung mit Kündigung ist ein riskantes Manöver, das sowohl für dich als auch für deinen Chef bzw. deine Chefin negative Konsequenzen haben kann.

Durch eine solche Drohung untergräbst du das Vertrauen und die Zusammenarbeit mit deinem bzw. deiner Vorgesetzten, was dazu führen kann, dass er oder sie nicht mehr in der Lage ist, dich zu fördern oder zu unterstützen. Außerdem signalisiert eine Drohung mangelnde Wertschätzung für die Zusammenarbeit und zeigt, dass du bereit bist, einen Bruch mit deinem Team und der Firma in Kauf zu nehmen. Dies kann langfristig negative Auswirkungen auf deine Karriere haben.

Im Falle, dass du mit deiner Drohung nicht erfolgreich bist, stehst du zusätzlich unter enormem Druck, deine Ankündigung wahr zu machen. Wenn du jedoch deine Drohung nicht umsetzen kannst oder willst, wirst du nicht mehr ernst genommen, und deine Glaubwürdigkeit kann nachhaltig beschädigt werden. Stattdessen solltest du immer versuchen, ein offenes und konstruktives Gespräch mit deinem Chef bzw. deiner Chefin zu führen, um gemeinsam eine Lösung zu finden.

Eine ehrliche und sachliche Kommunikation kann dazu beitragen, Missverständnisse zu klären und eine positive Zusammenarbeit zu fördern.

Was kannst du also tun, wenn du deinen Forderungen Nachdruck verleihen willst? Wenn du das Gefühl hast, einen zusätzlichen Hebel zu brauchen? Du kannst deine Drohung umformulieren, und schon wird sie ein schlagkräftiges Argument.

Hätte der Kollege aus dem Beispiel, anstatt mit der Kündigung zu drohen, eine der folgenden Formulierungen gewählt, so wäre er sicher weitergekommen:

✓ »Ich habe all meine Qualifikationen und Erfolge aufgeführt. Ich möchte die Dringlichkeit meines Anliegen noch mal unterstreichen. Diese Beförderung ist wirklich äußerst wichtig für mich. Es motiviert mich, wenn ich sehe, wie wir gemeinsam erfolgreich sind, und eine Beförderung würde mir das Gefühl von Wertschätzung geben. Die Gehaltsanpassung würde meine Leistung widerspiegeln. Sollte es nicht möglich sein, mich zu befördern, so bitte ich Sie um eine klare Angabe, wann es möglich ist und welche Schritte hierfür nötig sind.«

Oder auch:

✓ »Ich möchte sehr gerne mit Ihnen gemeinsam dieses Team voranbringen, ich wäre wirklich nicht glücklich, wenn ich meine Karriere woanders fortsetzen müsste.«

Too long; didn't read

→ Drohungen setzen deinen Vorgesetzten bzw. deine Vorgesetzte unter Druck. Häufig führen sie dazu, dass der oder die Vorgesetzte genau das Gegenteil tut, um nicht erpressbar zu werden.

→ Drohungen setzen auch dich unter Zugzwang, denn du musst die angekündigten Konsequenzen umgehend umsetzen, oder du verlierst dein Gesicht.

→ Drohungen können umformuliert werden, sodass die Dringlichkeit unterstrichen wird, ohne das Gegenüber anzugreifen.

Private Gründe als Argument für eine Gehaltserhöhung

Es gibt viele Argumente, die du für eine Gehaltserhöhung nutzen kannst. Deine Qualifikationen, deine Erfolge, das positive Feedback des Teams, von Partnern und Kunden. Was aber definitiv nichts in deinem Gespräch zu suchen hat, sind private Gründe.

Folgende Argumente solltest du unbedingt vermeiden. Du siehst jeweils, was dein Chef oder deine Chefin darüber denken wird:

Mitarbeiterin: »Meine Kosten sind gestiegen, daher brauche ich eine Gehaltsanpassung.«

Chef: »Die Mitarbeiterin kann wohl nicht haushalten und möchte ihre neuen Ausgaben auf die Firma abwälzen. Ohne eine Verbesserung der Leistung und der Erfolge ist auf keinen Fall Raum für eine Gehaltserhöhung.«

Mitarbeiter: »Ich brauche mehr Gehalt, denn netto ist einfach zu wenig drin. Das war mir bei unserer Vereinbarung des Brutto-Einstiegsgehalts nicht bewusst.«

Chefin: »Der Mitarbeiter hat noch nicht mal seine Steuerpflichten verstanden. Seinen Rechenfehler können wir nicht auf unsere Kosten nehmen. Das Einstiegsgehalt war aus unserer Perspektive fair den Qualifikationen und Aufgaben entsprechend bemessen worden.«

Mitarbeiter: »Mit der Geburt meines Kindes gibt es auch neue finanzielle Herausforderungen für meine Familie. Daher brauche ich eine Gehaltsanpassung.«

Chefin: »Der Mitarbeiter versteht nicht, dass ich allein leistungsbasiert vergüten kann. Gehalt bezieht sich ja nicht auf die finanziellen Herausforderungen oder Schicksale, sondern auf Leistung und Qualifikation.«

Ich hatte einen Kollegen, der von der studentischen Hilfskraft zum festen Mitarbeiter wurde. Das bedeutete, dass er mehr Stunden arbeitete, somit auch mehr verdiente. Plötzlich lag er oberhalb der Steuerfreigrenze und musste sein Einkommen versteuern. Er machte direkt einen Termin mit seinem Chef und sagte, dass er in Zukunft das doppelte Gehalt brauche, da er ja nun die Hälfte an die Steuer abgeben musste. Heute kann ich herzlich darüber lachen, damals aber ging der Chef tatsächlich darauf ein, da er den Mitarbeiter für ein Projekt brauchte. Er reduzierte die Stundenzahl allerdings auf das Nötigste und überprüfte die Arbeit jeder Stunde. Einen Monat später trennte er sich dann von ihm, als er Ersatz gefunden hatte. Bis heute ist mir der junge Mann aber als der vielleicht dümmste Verhandler in Erinnerung geblieben. Er hat nicht nur einen lukrativen Job verloren, sondern ist mit der Aktion auch im Unguten gegangen und hat all seine Leistung, die durchaus gut war, hinter dieser kindlichen Argumentation in ein schlechtes Licht gerückt.

Die Beispiele könnten so weitergehen, Geld für Familie, Urlaub und Hobbys. Sosehr manche persönlichen Schicksale einem leidtun, kann kein Chef bzw. keine Chefin es verantworten, nach Belastung oder Schicksal zu bezahlen. Allein die Leistung kann Grundlage für eine Beförderung und Gehaltserhöhung sein. Private Gründe können durchaus einmal den Druck erhöhen, das Gehalt optimieren zu wollen. Sie können Antreiber sein, allerdings muss die entsprechende Leistung erfolgen, damit das Gehalt angepasst werden kann.

Private Gründe können im Austausch mit deinem Chef oder mit deiner Chefin erwähnt werden, aber sie sind kein Argument für die Beförderung.

Too long; didn't read

- → Privater finanzieller Druck sind kein Argument, um mehr Gehalt zu erhalten.
- → Vorgesetzte können allein basierend auf Leistung, Erfolg und Qualifikation befördern.

Sich überschätzen

In der Geschäftswelt ist es nicht ungewöhnlich, dass Mitarbeitende sich überschätzen und nach dem kleinsten Erfolg Gehaltserhöhung oder Beförderung fordern. Vor allem sehr selbstbewusste Menschen neigen dazu. Nach dem Abschluss eines erfolgreichen Deals oder Projekts brüsten sie sich gegenüber Kollegen und Kolleginnen und fordern vehement eine Belohnung für das Ergebnis.

Es sollte jedoch berücksichtigt werden, dass eine Beförderung oder Gehaltserhöhung nicht allein durch den Erfolg eines einzelnen Deals oder Projekts begründet wird, sondern durch eine Vielzahl von Faktoren.

Grundsätzlich solltest du dich besser überschätzen und nach zu viel verlangen, als dich zu unterschätzen. Es ist immer besser, nach mehr zu fragen, als zu lange zu warten und nicht zu fragen. Dennoch solltest du deine Leistung reflektieren und dir Feedback offen anhören. Wenn die Zeit gekommen ist, wirst du dran sein und befördert werden. Wenn du dich darauf vorbereitest und daran arbeitest, wird es schneller gehen als bei so manchen Kollegen. Nutze deine Chancen, aber sei eben auch offen für das, was dir dann entgegnet wird.

Too long; didn't read

→ Es ist besser, sich zu überschätzen als zu unterschätzen. Dennoch sollte man für Kritik oder Gegenargumente offen sein.

→ Es ist gut, selbstbewusst in die Verhandlung zu gehen. Hat man sich aber überschätzt, so sollte das Feedback offen und konstruktiv aufgenommen werden.

13. Antworten für schwierige Situationen

(Lesedauer: 16 Minuten)

Nicht nur in einer Verhandlung zur Beförderung, sondern immer wieder kommen wir im beruflichen und privaten Umfeld in Situationen, in denen wir schlagfertige Antworten und Reaktionen benötigen. Die folgenden Musterformulierungen sollen dich in deinem Beförderungsgespräch stärken, du kannst sie aber für jede Situation nutzen. Die Antworten und möglichen Reaktionen erlauben dir, jeden Angriff elegant zu kontern.

Je nachdem, was für ein Charakter dein Chef oder deine Chefin ist, wird er bzw. sie zu entsprechenden Methoden und Taktiken greifen. Hier sind die aus meiner Erfahrung sechs wichtigsten Typen aufgelistet. Dazu gibt es Tipps, wie du am besten mit ihnen umgehst.

Die kumpelhafte Führungskraft

Es gibt besonders im modernen digitalen Umfeld mehr und mehr Vorgesetzte, die mit ihrem Team ein freundschaftliches Verhältnis pflegen. Das mag schön sein, birgt aber die Gefahr, dass die Grenzen verschwimmen und es schwer wird, das Freundschaftliche vom Beruflichen zu trennen. Ein solcher Chef bzw. eine solche Chefin etwa kann andeuten, dass euer gutes Verhältnis bedroht wird, wenn du Ambitionen auf eine Beförderung hast.

Ein freundschaftliches Verhältnis zu Chef oder Chefin kann bei der Beförderung hinderlich sein.

Ausreden wie etwa, dass eine Beförderung Unruhe im Team stiftet, eure Beziehung unter Druck gerät oder du den Chef oder die Chefin in eine unangenehme Situation bringst, können im schlechtesten Fall die Folge sein.

Berufliches und Persönliches trennen

Im Gespräch mit diesem Chef bzw. dieser Chefin solltest du immer wieder betonen, dass euer Verhältnis und deine Ambitionen getrennt voneinander zu betrachten sind. Mache deutlich, dass dein Wunsch nach einer Beförderung auf deiner guten Leistung basiert und dass du nun den nächsten Schritt gehen möchtest, vielleicht sogar musst.

✓ »Ich schätze unser gutes Verhältnis, unabhängig davon habe ich in den letzten Jahren sehr an mir gearbeitet und für die Firma und das Team alles gegeben. Diese Leistung möchte ich in Position und Gehalt gespiegelt wissen.«

Oder:

✓ »Meine Leistung und Erfolge sprechen für sich, doch mein aktuelles Gehalt und die Position hier entsprechen nicht mehr meinem Marktwert. Am liebsten möchte ich beides in dieser Firma sehen und mich mit euch weiterentwickeln können.«

Stillschweigen wahren

Dein Chef oder deine Chefin kann Sorge haben, dass deine Beförderung ein Aufbegehren weiterer Teammitglieder nach sich zieht. Gib ihm bzw. ihr die Sicherheit, dass du keine große Welle aus deiner Beförderung machen wirst.

- ✓ »Ich werde selbstverständlich über alles aus diesem Gespräch Stillschweigen bewahren. Außerdem bedeutet meine Beförderung nicht, dass Sie nun das halbe Team befördern müssen. Denn ich allein habe mich für Projekt X besonders reingehängt, bin stets pünktlich und zuverlässig und bringe beste Leistung. Meine Kollegen und Kolleginnen haben nicht so viel gegeben. Dies kann vielmehr Anlass dafür sein, dass meine Kollegen sehen, dass sich nur herausragende Leistung auszahlt. Es wird sie also eher anspornen.«[27]

Die aggressive Führungskraft

Er bzw. sie reagiert mit lauten, einschüchternden Worten und bügelt deine Anfrage schroff ab. So möchte er bzw. sie deine Hoffnung im Keim ersticken, und in der Regel ist er bzw. sie sicherlich erfolgreich damit. Doch auch diese harte Nuss kann bei einem Beförderungsgespräch geknackt werden.

Wenn du gegenüber einer aggressiven Führungskraft ebenfalls laut wirst, werdet ihr in einem Schlagabtausch enden, der dich nicht weit bringt.

Ebenso ist dir nicht geholfen, wenn du unterwürfig wirst und ihm oder ihr nichts entgegensetzt. Die aggressive Führungskraft wird sich im Recht sehen, wenn du nachgibst.[28] Bleibe ruhig, bleibe selbstbewusst, denn du bist es wert, deine Beförderung hier und heute einzufordern.

Sondieren der Fakten

Der aggressive Verhandlungstyp kann wieder zurück ins Gespräch geholt werden, indem du sachlich die Situation bzw. dein Anliegen zusammenfasst. Dies hilft ihm oder ihr, seine bzw. ihre Stimmung zu neutralisieren, und lädt ihn oder sie dazu ein, mit dir ein konstruktives Ergebnis zu erarbeiten.

- ✓ »Ich merke, dass Sie auf mein Anliegen in dieser Form im Moment nicht eingehen wollen. Für mich ist es äußerst wichtig, dass wir zu diesem Thema sprechen, denn ich investiere meine Leistung und Motivation und habe dazu noch einige Erfolge vorzuweisen. Mein Marktwert ist über dem, was ich aktuell beziehe. Daher ist es mir wichtig, mit Ihnen zu definieren, wie wir hier fortfahren können.«

Vertagen

Wenn du den Eindruck hast, dass du einen schlechten Moment erwischt hast und dein Manager oder deine Managerin an einem anderen Tag vielleicht offener für dein Anliegen ist, so vertage euer Gespräch. Manchmal ist es besser, auf den richtigen Moment zu warten, anstatt ein schlechtes Ergebnis schnell durchzudrücken.

- ✓ »Ich habe den Eindruck, dass es nicht der richtige Augenblick ist, um über mein Anliegen zu sprechen. Wann passt es Ihnen besser?«

Die Führungskraft, die dich vertröstet

Eine für den Chef bzw. die Chefin angenehme, da konfliktfreie Technik ist es, dein Anliegen zu verschieben. Am liebsten mit Verweis auf die wirtschaftliche Situation. Das Budget oder die Ziele der Firma werden gerne als Grund vorgeschoben, egal ob die Situation wirklich so schlecht wie beschrieben ist oder nicht.

Ich habe mit einem Chef zusammengearbeitet, der bei jeder Investition jammerte. Egal wie gut wir Jahr um Jahr gewachsen sind und wie erfolgreich wir waren. Er war stets pessimistisch, dachte, dass wir unter unserem Potenzial liegen, und jede Ausgabe versetzte ihn in einen Stresszustand. Es war denkbar anstrengend, mit ihm über Ausgaben zu sprechen, geschweige denn über das Gehalt und den eigenen Wert. Er ließ sich immer wieder neue

Hürden einfallen, Ziele, die man noch erreichen sollte, bis er seine Tasche für einen öffnen könne.

Wenn du auf einen Chef bzw. eine Chefin triffst, der oder die dich vertröstet und es zum Beispiel auf die schwierige wirtschaftliche Situation schiebt, so kannst du ihn bzw. sie mit den folgenden Antworten einfach entwaffnen.

Argument widerlegen

Recherchiere vor dem Termin die Umsatzzahlen deiner Firma. Jede Information, die dir hilft, den tatsächlichen Erfolg zu definieren, ist für dich hilfreich. Bereite außerdem Beispiele vor, die zeigen, wie du zu dem Erfolg beigetragen hast.[29]

✓ »Sie haben recht, die Firma befindet sich in schwierigen Zeiten, doch aktuell entwickelt sich [unsere Abteilung/die Firma] recht gut, wir haben sogar Erfolg X erzielt, nicht zuletzt, da ich in dieser Angelegenheit alles gegeben habe.«[30]

Deine Beförderung als Lösung

Die Firma macht tatsächlich harte Zeiten durch, aber du bist willens, alles zu geben, um das Ruder zu drehen. Zeige deinem Chef bzw. deiner Chefin, dass du sein bzw. ihr Ticket aus der Krise bist.

✓ »Ja, es ist ein hartes Jahr für unsere Firma, doch diese Beförderung würde mich befähigen, mein volles Potenzial zu entfalten, mehr Verantwortung zu übernehmen und Projekt X mit größerer Kraft voranzutreiben. Obendrein spart die Firma Geld durch mich, denn ich bin motiviert und willens, über meinen Aufgabenbereich hinaus Verantwortung zu übernehmen. So können wir uns externe Dienstleister für Aufgabe X sparen.«

Druck ausüben

Du möchtest die Dringlichkeit deines Anliegens unterstreichen und aufzeigen, dass du bereits mit viel Extraleistung und Engagement in die Vorleistung gegangen bist. Eine Beförderung wäre nur fair.[31]

✓ »Ich habe gerne in der Vergangenheit mit meiner Leistung und meinem Engagement in die Firma investiert und natürlich nicht erst gewartet, bis ein Beförderungsfenster für mich offen ist. Ist es daher möglich, dass wir schon heute einen ersten Schritt in Richtung meiner Beförderung gehen, sozusagen als Entgegenkommen zu meiner Leistung?«

Schriftlich festnageln

Sollte dein Vorgesetzter oder deine Vorgesetzte dir wirklich nicht entgegenkommen, so halte unbedingt schriftlich fest, was ihr vereinbart habt. Dadurch kannst du verhindern, dass sich dein Chef oder deine Chefin in einem Jahr nicht mehr daran erinnert oder dir erneut Hürden in den Weg legt.

✓ »Gerne, ich werde unser Gespräch schriftlich festhalten und Ihnen senden. Sie sagen also, dass ich in __ Monaten befördert werden kann, vorausgesetzt natürlich, ich leiste weiterhin gute Arbeit, richtig? Dann notiere ich das so.«

Die geizige Führungskraft

Einem geizigen Chef bzw. einer geizigen Chefin die Taschen zu öffnen, ist ein wirklich schwieriges Unterfangen. Jede Investition ist ihm oder ihr zuwider, und wenn etwas teurer wird, so schlägt es ihm oder ihr gleich auf die Laune. Doch auch dieser bzw. diese Vorgesetzte braucht ein gutes und motiviertes Team, damit kannst du ihn oder sie für dein Anliegen gewinnen.

In meinem beruflichen und privaten Umfeld kenne ich überraschenderweise sehr viele geizige Menschen. Ihre Sparsamkeit zeigt sich auf verschiedene Arten, und vielleicht ist auch etwas auf mich übergegangen. Wichtig bei Menschen, die auf jeden Euro schauen, ist, ihnen aufzuzeigen, dass sie mit einer Investition einen guten Deal machen. Allein das Gefühl, zu wissen, dass etwas eigentlich viel teurer ist und sie einen riesigen Rabatt erreicht haben, macht es ihnen viel leichter, Geld zu investieren. Ich habe also gelernt, den Fokus der Verhandlung darauf zu legen, dass ich ihnen sehr weit entgegenkomme und im Grunde viel mehr gebe, als ich fordere. So entsteht das Gefühl, dass die Gegenseite mit dem Angebot ein Schnäppchen machen kann. Am Ende ist so sogar der geizige Verhandlungspartner bzw. die geizige Verhandlungspartnerin glücklich über das Ergebnis.

Einen Deal machen

Wenn man einem geizigen Verhandlungspartner das Gefühl gibt, dass man ihm bzw. ihr deutlich unter Marktwert entgegenkommen kann, so kann man gleich zwei Ziele erreichen. Man kann zum einen die Dringlichkeit erhöhen, um eine Beförderung sofort umzusetzen (sonst schnappt die Konkurrenz dich weg), und man kann ihn bzw. sie überzeugen, in dich zu investieren.

✓ »Ich weiß, dass Sie ein gutes Preis-Leistungs-Verhältnis schätzen, daher habe ich folgendes Angebot für Sie: Ich übernehme Aufgabe X und Y, wofür Sie eigentlich einen Kollegen oder eine Agentur bezahlen müssten, gleichzeitig gebe ich alles in meinem Kernbereich. So habe ich einen Marktwert von 65 000 Euro, den mir sicher viele Firmen zahlen würden. Da ich aber gerne hier mit Ihnen meine Karriere ausbauen möchte, bin ich bereit, Ihnen um 10 000 Euro entgegenzukommen. Sie sparen also Agentur und Arbeitszeit von Kollegen und zusätzlich an mir 10 000 Euro. Sie erhöhen mein Gehalt dafür ein wenig auf 55 000 Euro, und ich kann hier mit Ihnen meine Karriereziele verwirklichen.«

Oder:

- ✓ »Ich merke, dass Sie meine mögliche Beförderung hart verhandeln. Wie wäre es, wenn ich Ihnen zusätzliche Leitung anbiete? Ich bin gerne gewillt, in den Bereichen, die Ihnen wichtig sind, größere Verantwortung und Aufgaben zu übernehmen. So erhalten Sie deutlich mehr Leistung, eigentlich jene, die ein junger Manager in dieser Branche leisten würde. Sie zahlen aber nur den Preis eines Seniors dafür.«

Die Führungskraft, die großzügig lobt

Ein stets lobender Chef bzw. eine stets lobende Chefin, die dich aber dennoch nie befördert, nutzt eine besonders listige Taktik. Es ist schwer, diese zu durchschauen, da man von den Komplimenten gleichzeitig gebauchpinselt wird. Sollte dir auffallen, dass du zu jeder Gelegenheit von deinem Chef bzw. deiner Chefin in den höchsten Tönen gelobt wirst, so fühlt sich das sicher gut an und lässt dich ein Stück weit darüber hinwegsehen, dass die Beförderung nicht sofort folgt.

Pass auf, wenn du nur gelobt, aber nie befördert wirst.

Es gilt, noch wachsamer zu sein, wenn du im Beförderungsgespräch quasi mit Komplimenten eingelullt wirst und ihr über deine große Zukunft sprecht, das Gespräch aber ohne konkreten Ergebnisse endet.

Dies ist sicherlich die angenehmste unter den Notsituationen, denn du merkst, dass deine Leistung geschätzt wird. Dennoch willst du Ergebnisse, und die sollst du erreichen können. In dieser Situation gilt es daher, dein Gegenüber festzunageln. Dies kannst du etwa durch klare Fragen, die deinen Chef bzw. deine Chefin dazu zwingen, auf deinen Beförderungswunsch zu antworten.

Kompliment mit Forderung verbinden

Eine Erfolg versprechende Taktik, auf Lob zu reagieren, ist, die Komplimente anzunehmen und geschickt mit deinen Wünschen zu verbinden. So erschwerst du deinem Chef bzw. deiner Chefin, dir allein Komplimente zu geben. Gleichzeitig bekräftigst du deine Forderung nach einer Beförderung.

✓ »Vielen Dank für die lobenden Worte. Ich freue mich sehr, dass meine Leistung gesehen und wertgeschätzt wird. Darf ich das als Zusage zu meiner Beförderung werten?«

Lob dokumentieren

Gleichzeitig kannst du das Lob in verschiedener Form dokumentieren. Etwa mit dem Ziel, zu einem gewünschten Datum befördert zu werden. So nagelst du deinen Chef bzw. deine Chefin auf deine Beförderung fest.

✓ »Vielen Dank für das beflügelnde Feedback, es macht mir ebenso Spaß, für diese Firma alles zu geben. Können wir Ihre Bewertung schriftlich fixieren und ein Datum für meine Beförderung festhalten? Ich freue mich bereits darauf, in der neuen Position als ___ alles zu geben.«

Oder frage nach einem Zwischenzeugnis, wenn du deinem Chef oder deiner Chefin elegant zeigen willst, dass du zur Not auch deine anderen Optionen prüfen wirst. Hier kann dein Chef oder deine Chefin sein bzw. ihr Lob festhalten, und du zeigst, dass du aktiv nach Alternativen Ausschau hältst und nicht ewig auf eine Beförderung von ihm bzw. ihr warten wirst.

✓ »Ich freue mich sehr über das positive Feedback. Ich verstehe, dass wir heute keine Beförderung festhalten können, dafür wäre es aber schön, wenn Sie Ihr positives Feedback in einem Zwischenzeugnis festhalten könnten. Es würde mir viel bedeuten, meine gute Leistung dokumentiert zu wissen.«

Deinem Chef oder deiner Chefin werden hier die Alarmglocken angehen, und er bzw. sie wird die Nachricht verstehen. Sicherlich wird er bzw. sie nun, wenn möglich, Taten folgen lassen, um deine Karriereentwicklung zu ermöglichen.

Ein weiterer Ausweg kann sein, dass dein Chef oder deine Chefin dir vielleicht mit all seinem bzw. ihrem Lob eine Beförderung anbietet, aber ohne Gehaltsanpassung. Sehr clever, aber du hast hier bereits den halben Sieg in der Tasche, den anderen Teil kannst du dir leicht auch noch holen.

Vorsicht, wenn dir dein Chef oder deine Chefin eine Beförderung ohne Gehaltsanpassung anbietet.

Du kannst zum einen darauf verweisen, dass eine Beförderung schlecht nur aus einem Titel bestehen kann, deine Leistung erbringst du ja auch nicht nur zur Hälfte. Dennoch muss es nicht sofort das Gehalt sein (siehe nächsten Abschnitt). Für den Start gibt es auch alternative Verhandlungsmasse wie Boni, Beteiligungen, weitere Ferientage, größere Flexibilität und Weiteres. Stelle aber unbedingt sicher, dass ihr euch auf ein Datum für deine Gehaltsanpassung einigt, sonst wird dein Chef oder deine Chefin immer wieder versuchen, dir zu entwischen, etwa weil dann ein anderer Kollege oder eine andere Kollegin mit der Beförderung dran ist, die wirtschaftliche Lage so schlecht oder anderes.

Alternativen als Ausgleich zur späteren Gehaltsanpassung anbieten

✓ »Ich freue mich sehr über die Beförderung. Ich werde in der neuen Rolle alles geben und freue mich bereits auf die Herausforderungen. Eine Gehaltsanpassung gehört allerdings unbedingt dazu, schließlich erbringe ich ja auch nicht nur die halbe Leistung. Wenn Sie aktuell nicht den finanziellen Spielraum haben, lassen Sie uns ein Datum für die Gehaltsanpassung vereinbaren, und bis dahin bin ich offen für Boni/Beteiligungen/Urlaubstage, um den Zeitraum zu überbrücken.«[32]

Oder:

✓ »Vielen Dank für die Beförderung, ich kann es kaum abwarten, mit voller Energie alles in der neuen Rolle zu geben. Wenn Ihnen aktuell der finanzielle Spielraum für die entsprechende Gehaltsanpassung fehlt, können Sie etwas Alternatives anbieten? Für wann sehen Sie dann die entsprechende Gehaltsanpassung?«

Die Führungskraft, die dir ein schlechtes Gewissen macht

Manche Manager lieben es, all ihre Probleme und Sorgen auf dich abzuwälzen, wenn du etwas von ihnen forderst. Klar, sie haben ja auch den täglichen Druck, die Firma zum Erfolg zu führen. Und Gehalt ist in vielen Unternehmen einer der größten laufenden Kostenfaktoren, es muss also im Rahmen gehalten werden. Von diesem Chef bzw. dieser Chefin wirst du, wenn du nach mehr Gehalt fragst, also viele Ausreden hören. Zum Beispiel wird die wirtschaftliche Situation vorgeschoben; deine Gehaltserhöhung würde die Firma so stark belasten, dass sie womöglich nur schwer durch die Krise kommt. Oder deine Kollegen werden als Problem dargestellt; eine Beförderung von dir würde bedeuten, dass alle anderen nicht befördert werden können. Wow, ganz schön viel Druck, unter den du gesetzt wirst.

Diesem Chef bzw. dieser Chefin, die auf deine gerechtfertigte Forderung mit indirekten Vorwürfen reagiert, kann jedoch gekontert werden. Formuliere deine Forderung um, und mach es ihm oder ihr so schwerer, dich mit Vorwürfen und negativen Folgen zu bedrohen.

Es ist dein gutes Recht, nach einer Beförderung zu fragen. Das sollte dir die ganze Zeit bewusst sein.

Bedenken umdrehen

✓ »Nur, dass ich es richtig verstehe: Sie sind zufrieden mit meiner Leistung, haben aber Sorge, eine Beförderung würde Ihr Budget ausreizen und so keine weiteren Beförderungen erlauben. Mir ist bewusst, dass ich mehr als die anderen geleistet habe und schon recht lange auf diese Position gewartet habe. Welches Signal würden Sie senden, wenn jemand mit weniger Engagement oder Erfahrung stattdessen befördert werden würde?«

Oder:

✓ »Ich habe Bedenken, dass das Gleichgewicht zwischen den Kollegen und Kolleginnen und mir gestört wird, wenn ich nicht befördert werde. Schließlich habe ich mehr gegeben, oder soll ich meine Leistung entsprechend drosseln, sodass alle auf einer Ebene sind?«

Die Strategie des Umdrehens von Bedenken kannst du genauso anwenden, wenn die wirtschaftliche Situation als Argument aufgeführt wird, warum du nicht befördert wirst. Hier kannst du erneut mit deiner steigenden Leistung argumentieren und dich als Ticket aus der Krise anbieten.

Beförderung als Hebel zu mehr Leistung, um aus der Krise zu kommen

✓ »Ich verstehe, dass die Firma aktuell in einer angespannten Phase ist. Gerne möchte ich mehr leisten, mich mehr reinhängen und alles geben, um diese Firma zurück zum Erfolg zu führen. Ohne Beförderung würde ich weit unter Marktwert arbeiten, und tatsächlich wird man ja immer wieder von Headhuntern kontaktiert. Noch lieber möchte ich aber hier meine Leistung einbringen und in Ihrem Team wachsen. Daher komme ich Ihnen gerne entgegen, und wir einigen uns bei einer Gehaltserhöhung von ___ unter meinem Marktwert. Dies ist für mich so gut, dass ich alles geben kann und nicht unter Druck stehe, nach alternativen Einkommen zu suchen.«

Too long; didn't read

→ Egal welchen Typ Chef du hast, jeder kann mit der passenden Konter-Strategie zu einer Beförderung bewegt werden.

→ Bei einem freundschaftlich auftretenden Vorgesetzten solltest du besonders darauf achten, das Berufliche von der Beziehung zu trennen und sehr sachlich zu argumentieren.

→ Hat der Chef oder die Chefin Sorge, dass deine Beförderung weitere nach sich zieht, so biete Stillschweigen an.

→ Tritt ein Chef bzw. eine Chefin aggressiv auf, so bleibe sachlich und ruhig, beziehe dich auf die Fakten. Zur Not kannst du das Gespräch auch vertagen, um einen besseren Moment zu erwischen.

→ Verschiebt und vertröstet dich dein Chef bzw. deine Chefin nur, so passe deine Argumentation ihren Argumenten an. Liegt es an der wirtschaftlichen Situation, so prüfe, ob das wirklich der Fall ist, oder verkaufe deine Beförderung und damit einhergehende Mehrleistung als Lösung. Vertröstet er oder sie dich aus anderen Gründen, so unterstreiche die Dringlichkeit und lass ihn oder sie nicht aus der Klemme, fordere eine Perspektive.

→ Geizigen Vorgesetzten fällt es besonders schwer, sich auf Beförderungen einzulassen. Eine Lösung kann sein, die Beförderung als guten Deal zu verkaufen. Argumentiere hier so, dass der Chef bzw. die Chefin das Gefühl hat, mit dir ein Schnäppchen zu machen, welches er bzw. sie sich nicht entgehen lassen sollte.

→ Lobt dein Chef bzw. deine Chefin dich, ohne dass eine Beförderung folgt, so versuche, das Lob in eine Beförderung zu verwandeln. Halte das Feedback schriftlich fest oder lege ihm bzw. ihr deine Beförderung in den Mund: »Das lässt mich darauf schließen, dass Sie meiner Beförderung zustimmen.« Zur Not bitte um ein Zwischenzeugnis mit dem Lob. Das wird ihm bzw. ihr zeigen, dass du dich nicht für immer vertrösten lässt. ▸▸

→ Schiebt dir dein Chef bzw. deine Chefin durch dein Aufbegehren nach einer Beförderung den schwarzen Peter zu und macht dir ein schlechtes Gewissen, aus welchen Gründen auch immer, so drehe den Spieß um. Frage ihn bzw. sie, was du davon halten sollst, dass du viel leisten sollst, aber dafür nicht gerecht entlohnt wirst.

14. Verhandeln für Frauen

(Lesedauer: 15 Minuten)

Leider verdienen Frauen immer noch weniger als Männer in derselben Position. Das Gender-Pay-Gap liegt 2023 in Deutschland immer noch bei unglaublichen 18 Prozent.[33] Hier ist allerdings zu beachten, dass dies nicht für die gleiche Tätigkeit gilt, sondern für das Einkommen von Männern und Frauen insgesamt. Die Tatsache, dass typische Frauenberufe deutlich schlechter bezahlt werden als typische Männerberufe, macht es nicht gerechter. Genauso der Umstand, dass viele Frauen ein schlechteres Angebot in Teilzeit annehmen, da sie noch zusätzlich die Familie kostenfrei unterstützen.

Wenn man ein und dieselbe Tätigkeit betrachtet, so liegt das Gender-Pay-Gap immer noch bei ganzen 7 Prozent.[34] Umso erfreulicher ist es, dass diese ungleiche Entlohnung nun per Gesetz verboten wurde. Das Bundesarbeitsgericht (BAG) hat im Frühjahr 2023 entschieden, dass Firmen ihre Mitarbeitenden für dieselbe Tätigkeit und Expertise nicht mehr unterschiedlich bezahlen dürfen.[35]

Wieso Frauen im Schnitt weniger gezahlt wird

Doch was ist die Ursache dafür, dass Frauen schlechter entlohnt werden als Männer? Der Verdienst von Frauen wird immer noch gerne als »Extra« gesehen, Berufe, die primär von Frauen ausgeübt werden, werden finanziell weniger wertgeschätzt. Wusstest du etwa, dass Programmieren in den 60er-Jahren ein von Frauen dominierter, damals eher schlecht bezahlter Beruf war? Als er von Männern übernommen wurde, stiegen das Gehalt und das Ansehen.[36]

Das Dilemma, welches die ungleiche Bezahlung nach sich zieht, ist, dass Frauen von ihren Partnern finanziell abhängig sind.

Möchtest du dein Leben frei gestalten, so achte von Beginn deiner Karriere an darauf, dass du alleine für deinen Lebensunterhalt aufkommen kannst. Sodass du jederzeit unabhängig bist.

In meinem Umfeld sehe ich immer wieder Paare, in denen der Mann der alleinige Verdiener ist. Bei einigen entwickelte sich über die Jahre ein starkes Ungleichgewicht – mit negativen Konsequenzen für die Frauen. Sie standen hier aufgrund ihrer finanziellen Abhängigkeit besonders schlecht da. Denn wenn der Partner vielleicht droht, die besten Scheidungsanwälte zu engagieren, dann geht es für die Frauen nicht nur um den Verlust von Einkommen und Status, sondern vielleicht auch um den Verlust der Kinder.

Genauso kenne ich viele Paare, bei denen die Frauen das größere Einkommen nach Hause bringen. Auch das kann wunderbar funktionieren. Ich persönlich habe den Eindruck, dass der Respekt meines Partners mit meinem wachsenden Einkommen gestiegen ist. Ein Mann sollte seiner Partnerin helfen, beruflich das Beste für sie herauszuholen.

Durch unsere Sozialisation glauben wir an gewisse Rollenbilder. So werden Frauen und Männern im Beruf verschiedene Eigenschaften zugeschrieben.

»If you want something said, ask a man; if you want something done, ask a woman«, sagte bereits Großbritanniens erste Premierministerin, Margaret Thatcher.

Während viele gerne davon ausgehen, dass Männer eine klare Vision ihrer Karriere haben, so unterstellt man Frauen, dass sie ihre Ziele nur vage formulieren und diese erst angehen, wenn alle anderen Aufgaben erledigt sind.[37] Männer achten auf Respekt und Status, während Frauen für Harmonie und Beziehungen verantwortlich gemacht werden. Männer arbeiten an Aufgaben mit Außenwirkung, Frauen an Inhalten.

Häufig wird von Frauen gefordert, sich in das gerne gesehene Bild einer typischen Frau einzupassen. So sollen sie fürsorglich, bescheiden, kooperativ, empathisch und noch vieles mehr sein, wovon sie selbst nicht direkt profitieren. Bei Männern dagegen wird es anerkannt, wenn sie sich stark für ihre Ziele einsetzen, konfrontativ und selbstbewusst auftreten. Wie etwa, wenn Männer ehrgeizig an ihrer Karriere arbeiten.[38]

Doch was haben wir Frauen davon, dem bekannten Rollenbild zu folgen? Wir versuchen zu gefallen, anstatt unseren Wert einzufordern. Andernfalls werden wir von der Gesellschaft ausgestoßen, so zumindest der Glaube.

> *Überraschend war für mich, als ich lernte, dass mein Wert in den Augen anderer mit meinem beruflichen Erfolg wuchs. Wurde meine Meinung zu Beginn meiner Karriere kaum gehört, so warteten später meine Kollegen darauf, was ich zu sagen hatte. Gleichzeitig neige auch ich dazu, immer gefallen zu wollen. Daher war es umso schöner, diese Beobachtung zu machen. Denn hätte ich darauf gewartet, mit meiner zurückhaltenden Art anderen zu gefallen, so würde ich heute weniger Respekt ernten.*

Die jahrelange Prägung der Rollen und Werte von Mann und Frau hat das heutige Gender-Pay-Gap zur Folge. Doch es nützt nichts, sich über die Vergangenheit Gedanken zu machen. Wir sollten uns darauf konzentrieren, wie wir die Dinge für unsere Zukunft und die der nächsten Generationen arbeitender Frauen ändern können.

Sich über diese Ungerechtigkeit zu ärgern, bringt nur etwas, wenn es uns anspornt, Dinge zu ändern und zu verbessern.

Was du tun kannst

Das Beste, was du für Frauen im Allgemeinen tun kannst, ist, wenn du dich für dein Gehalt und deine Beförderung einsetzt.

Je mehr Frauen in Führungspositionen sind, desto mehr können alte Muster der Arbeitswelt aufgebrochen werden.

Wenn es moderne Chefinnen gibt, dann wird die Akzeptanz für die Themen aller Frauen am Arbeitsplatz steigen. Dann können neue Rollen und Arbeitsmodelle gelebt werden, die in einer von Männern geformten Arbeitswelt nicht stattfanden.

> *Laura Zeidler, Design Managerin bei Spotify, rät, dass sich junge Frauen nicht davon abschrecken lassen sollten, dass manche Führungsetagen heute noch vermehrt von Männern besetzt werden. Sie sagt: »Be bold, geh raus, zeige dich und strebe nach deinen Zielen.« Wenn man dabei außerdem offen für Feedback ist, so kann man sich erfolgreich weiterentwickeln.*

Hier sind die sechs wichtigsten Tipps für Frauen, um deiner Karriere Schwung zu verleihen und deine Beförderung voranzutreiben.

Sich trauen

Erwischst du dich manchmal bei Gedanken wie: »Soll ich wirklich nach der Beförderung fragen?«, »Was, wenn ich dadurch unangenehm auffalle?«[39], »Verlange ich vielleicht zu viel?«. Manchmal passiert es, dass wir zuerst an den anderen denken, in diesem Fall die Firma und den Chef oder die Chefin, was er oder sie von deinem Aufbegehren halten wird, bevor wir uns überlegen, was das Richtige für uns ist.

Priorisiere dich und dein berufliches Fortkommen sowie deinen Weg zur finanziellen Freiheit gegenüber allen beruflichen Aufgaben.

Du bist es wert, an deiner Karriere zu arbeiten, und auch dein Arbeitgeber hat etwas davon, wenn du weitere Verantwortung übernimmst und in deiner Rolle wächst. Anstatt deiner Bedenken kannst du dir also sagen: »Ich werde regelmäßig nach einer Beförderung fragen, denn ich bin zielstrebig und hänge mich für meine Aufgaben rein«, »Meine Chefin wird sich freuen, wenn ich in ihrem Team wachse und mehr Verantwortung übernehme. Tut sie es nicht, so ist dies nicht das richtige Umfeld für mich«, »Ich bin es wert, meinen Wert einzufordern, alles andere ist schlecht für mich und all die anderen Frauen, die gerechte Entlohnung fordern«.

Dr. Sigrid Nikutta, Mitglied des Vorstands der Deutschen Bahn AG und Vorstandsvorsitzende der DB Cargo AG, sagt: »Du kannst jedes Ziel erreichen, wenn du es willst. Aber ich habe von Anfang an gemerkt, dass ich meine persönlichen Ziele nur dann erreiche, wenn ich bereit bin, mehr Extrameilen für das eigene Ziel zu gehen. Um Karriere zu machen, brauchen Männer und Frauen grundsätzlich die gleichen Eigenschaften und Motive. Nur Frauen brauchen von allem etwas mehr, um sich durchzusetzen. Mehr Frustrationstoleranz, mehr Leistung, mehr Einsatz, mehr Willen. Das A und O zur eigenen Weiterentwicklung ist der permanente Blick über den eigenen Tellerrand und dann: raus aus der eigenen Komfortzone! Das Unbekannte wagen!«

Sich richtig einschätzen

Nicht nur Frauen unterschätzen ihre Kompetenzen und Leistung regelmäßig. Von klein auf wurde uns schließlich eingeredet, dass wir mit unserem Können andere nicht in den Schatten stellen sollen, nicht damit prahlen. Unsere Leistung und unser Fleiß werden als selbstverständlich gesehen.

Das Erschreckende ist, dass nicht nur Frauen sich unterschätzen, auch Männer unterschätzen gerne die Leistung von Frauen. Was es noch schlimmer macht, ist, dass Frauen dagegen Männer gerne überschätzen.[40]

Du solltest auf deine Leistung als Frau immer 25 Prozent draufschlagen, um ein realistischeres Bild davon zu haben. Daneben kannst du von der Leistung deiner männlichen Kollegen 25 Prozent abziehen.

Es gibt zahlreiche Studien, die unterstreichen, wie sehr wir als Gesellschaft und auch als Frauen untereinander Frauen unterschätzen und ihnen unbewusst ihren Wert und ihre Kompetenz absprechen. Immer wieder werden identische Arbeiten dann besser bewertet, wenn ein männlicher Name darunter steht. Durch diesen Gender-Bias werden Frauen ständig benachteiligt. Sind Frauen dann zusätzlich noch bescheiden, so verkaufen sie sich deutlich unter ihrem tatsächlichen Wert.

Es ist also von großer Bedeutung, dass du dein Talent anerkennst. Lerne all deine Beiträge und Leistungen zu schätzen. Feiere es ebenso, wenn du zusätzliche soziale Aufgaben im Team übernimmst. Diese werden von Frauen gerne als Standard erwartet, doch es ist toll und nicht selbstverständlich, wenn du dich um die Gemeinschaft kümmerst.

Überlege, wie du all deine Leistungen gebührend zelebrieren kannst. Stelle jede Leistung auf ein visuelles Podest und freue dich daran. Versuche, deine Arbeit wie ein Mann zu beschreiben, und hab keine Scham zu übertreiben. Etwas mehr ist in diesem Fall definitiv besser!

Nicht auf Gerechtigkeit warten

Gerne denken wir, dass unsere Umgebung unsere Leistung und die unserer Kollegen stetig im Auge hat. Wir gehen davon aus, dass Gerechtigkeit allen wichtig ist und über unser berufliches Fortkommen entscheiden wird. Leider ist dies nicht so. Dorothea Assig und Dorothee Echter haben dem Thema ein ganzes Buch mit dem Titel »Eines Tages werden sie sehen, wie gut ich bin« gewidmet. Die Essenz des Buches ist, dass bedauerlicherweise niemand im Büro für Gerechtigkeit sorgt.

Es werden nur die befördert, die über sich und ihre Leistung sprechen und eine Anerkennung ihrer Leistung einfordern.

Wenn du dich bei dem Gedanken erwischst, dass deine Leistung sicher gesehen wird und dein Chef bzw. deine Chefin von selber auf dich zukommen wird, dann horche auf. Das wird leider nicht passieren. Es ist deine berufliche Pflicht, von dir und deinen Leistungen zu sprechen und auf deine Ergebnisse immer wieder aufmerksam zu machen. Auch wenn du denkst, dass einmal erwähnen genug ist – bring dich dazu, öfters über deine Leistung zu sprechen. Viel zu oft vergessen oder überhören Manager und Managerinnen das Gesagte. Nur indem du immer wieder deine Erfolge und Leistungen zur Sprache bringst, kannst du sicherstellen, dass es ankommt.

In meiner Zeit, in der ich ein kleines Team geleitet habe, fiel mir auf, wie viel Männer tatsächlich von ihrer Leistung sprechen. Als Kollegin hatte ich es nicht so wahrgenommen, aber in der Führungsposition war ich überrascht davon, wie oft manche Kollegen die kleinsten Ergebnisse ihrer Arbeit feierten. Nicht alle, aber manche wiederholten ihren Erfolg, der meiner Meinung nach zu ihrer Arbeit dazugehörte, so oft, als hätten sie die Welt gerettet. Andererseits sah ich Kolleginnen, die außergewöhnlich gute Arbeit leisteten und kein einziges Wort über ihre Erfolge verloren. Ich möchte nicht bewerten, was moralisch besser oder sympathischer ist.
Aber als Vorgesetzte ist es schwierig, jemanden, der immer wieder

von der eigenen Leistung spricht, nicht irgendwann zu befördern. Währenddessen ich solche, die nicht hörbar aufbegehren, natürlich eher warten lasse, wenn ich nur über ein begrenztes Budget für Beförderungen verfüge.

Mach auf dich und deine Leistungen aufmerksam.

Erst wenn deine Leistung von anderen wahrgenommen wird, kann daraus ein positiver Effekt für dich entstehen. Dann können dein Chef bzw. deine Chefin darauf eingehen und mit dir an deiner Karriere arbeiten. Es liegt keine Tugend darin, zu warten und die eigene Leistung in den Schatten zu stellen.

Sich nicht vom Ziel abbringen lassen

Wenn du mit deiner Forderung zu deinem oder deiner Vorgesetzten kommst, so liegt es in der Natur der Sache, dass er oder sie dir erst mal etwas Gegenwind gibt. Dies geschieht nicht aus böser Absicht, aber als Chef muss man das Budget bedacht investieren, daher wird gerne versucht, Beförderungen zu verschieben.

Vielleicht hast du auch aggressive oder gestresste Vorgesetzte, die dich niederbügeln und genervt auf deine Bitte reagieren. Druck, den du durch deine Forderung auslöst, wird Gegendruck erzeugen, so das physikalische Gesetz.[41]

Lass dich auf keinen Fall von deinem Ziel abbringen.

Du hast jedes Recht der Welt, deinem Wert entsprechend bezahlt zu werden. Schließlich leistest du jeden Tag gute Arbeit für deine Firma. Dein Chef oder deine Chefin würde ebenso nicht seine bzw. ihre Leistung unter Wert anbieten, deine männlichen Kollegen schon gar nicht. Mach dir das unbedingt bewusst, wenn du Gegenwind bekommst. Bleibe dran und arbeite mit deinem Chef oder deiner Chefin an einem Ergebnis, bei dem ihr beide euch aufeinander zubewegt.

Marianne Palma Calderón, Expert Associate Partnerin bei McKinsey & Company, empfiehlt jungen Frauen, sich nicht von Kritik entmutigen zu lassen und sich stattdessen auf die eigenen Stärken und Fähigkeiten zu konzentrieren. Es ist auch wichtig, so Marianne Palma Calderón, sich selbst zu akzeptieren und zu lieben, um ein gesundes Selbstwertgefühl zu entwickeln. Sie sagt: »Eine weitere Möglichkeit ist es, sich mit anderen Frauen zu vernetzen und Unterstützung zu suchen. Hürden sind dazu da, sie zu überwinden. Hier empfehle ich folgende Technik: 1. Ruhe bewahren, 2. Durchatmen, 3. Nachdenken, 4. Umsetzung. Es gibt immer eine Lösung.«

Über Erfolge sprechen

Du hast Außergewöhnliches geleistet. Dein Erfolg, deine saubere Arbeit, all das ist für die Firma viel wert. Es ist nicht selbstverständlich, dass du erfolgreich in all deinen Aufgaben bist. Und selbst wenn es das wäre, so musst du dir trotzdem angewöhnen, über deine Arbeit zu sprechen.

Gewöhne dir an, deine Erfolge immer noch einmal zu reflektieren und gegenüber deinem oder deiner Vorgesetzten darauf aufmerksam zu machen. Du findest sicher einen Weg, es in deinem Stil zu machen.

»Es gibt zwei Möglichkeiten, Karriere zu machen: Entweder man leistet wirklich etwas, oder man behauptet, etwas zu leisten. Ich rate zur ersten Methode, denn hier ist die Konkurrenz bei Weitem nicht so groß.« – Danny Kaye

Frei nach dem Titel des Buches »Schrei Kikeriki, wenn du ein Ei legst: 10 goldene Erkenntnisse, wie Frauen sich im Berufsleben besser verkaufen« von Ingeborg Rauchberger solltest du lernen, über jedes Ergebnis, jede abgeschlossene Aufgabe zu kommunizieren. Du musst nicht doppelt so gut arbeiten wie ein Mann, du musst alleine genauso gut darüber sprechen können.

Hier einige Formulierungen, die du verwenden kannst:

- ✓ »Ich freue mich zu berichten, dass Projekt X erfolgreich abgeschlossen wurde. Wir haben alle Ziele erreicht.« (→ Sprich von »abgeschlossen« anstatt dem neutralen »fertig«. Betone, wenn Ziele erreicht wurden.)
- ✓ »Die Aufgabe konnte nun fertiggestellt werden. Ich habe in den vergangenen Monaten intensiv daran gearbeitet und freue mich über den Erfolg.« (→ Sprich in Ich-Sätzen, auch wenn du im Team an einer Aufgabe gearbeitet hast.)
- ✓ »Ich konnte Partner X nach den Unstimmigkeiten wieder für unsere Vereinbarung gewinnen und mit minimalem Entgegenkommen eine Unterschrift erreichen.« (→ Nutze Wörter, die deinen Erfolg zelebrieren, anstatt ihn nur sachlich zu beschreiben, zum Beispiel »gewinnen«, »erreichen«.)

Direkte Sprache

Allzu häufig neigen wir, wenn wir unsicher werden, dazu, weiche Sprache zu verwenden. Begriffe wie »vielleicht«, »zwar«, »aber« und »eigentlich« entkräften unsere Worte und sollten daher unbedingt vermieden werden. Du solltest dich und deine Leistung als etwas sehen, was du in einer Werbung für deine Leistung und Erfolge anpreist. Du würdest dann nicht sagen: »Sie kann zwar Excel Pivot-Tabellen erstellen, aber ...«, sondern du würdest sagen: »Zu ihren Fähigkeiten zählen Excel Pivot-Tabellen und ...«[42]

Versuche nur in den besten Tönen von dir zu sprechen und deine Leistung als einen Gewinn, der sie ja auch ist, zu verkaufen.

Gewöhne dir an, so über deine Arbeit zu sprechen, wie du über die Arbeit einer geschätzten Kollegin oder eines talentierten Kollegens sprechen würdest – wohlwollend und positiv.

Wie wohl fühlen sich Männer und Frauen dabei, nach einer Beförderung zu fragen?

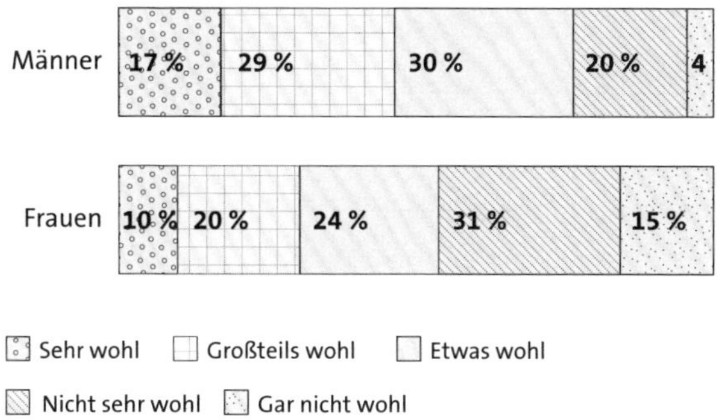

Quelle: Umfrage von Gehalt.de[43]

Frage so oft du kannst nach deiner Beförderung

Du hast deine Einstellung verhandelt. Danach möchtest du erstmal deinem Arbeitsalltag nachgehen und dich frühestens in ein bis zwei Jahren mit einer Beförderung beschäftigen. Oder du wurdest gerade befördert und hoffst, jetzt erst mal Ruhe vor dem unangenehmen Thema zu haben.

Wusstest du, dass Männer auch deshalb häufig mehr verdienen, weil sie öfter nach einer Beförderung fragen? Männer probieren ihr Glück häufiger, während Frauen Sorge haben, zu früh erneut das Thema anzusprechen; sie halten eine erneute Beförderung nach erst einem Jahr häufig für undenkbar.[44]

Die folgende Grafik zeigt, dass Frauen sich deutlich unwohler fühlen, ihre Beförderung zu verhandeln. Das sollte dich nicht davon abhalten, dich immer wieder der Situation zu stellen. Mit jedem Mal wirst du besser werden und dich wohler dabei fühlen.

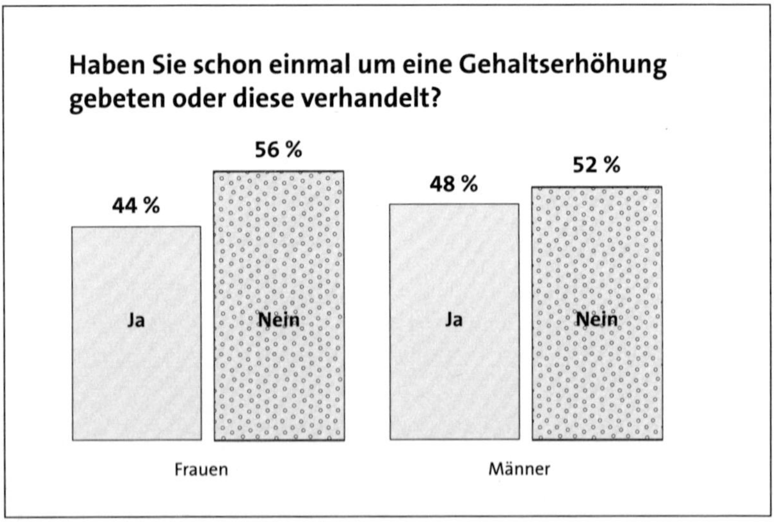

Quelle: Capterra, 2023. 515 Teilnehmer[45]

Es gibt nichts Negatives, was für dich aus einem kontinuierlichen Dialog mit deinem Chef oder deiner Chefin über deine Karriere herauskommen kann. Ja, es bedeutet, du musst immer wieder über deine Leistung sprechen, doch genau das ist die beste Übung für dich.

Trainiere dir an, möglichst jedes halbe Jahr, mindestens aber einmal im Jahr mit deinem Chef oder deiner Chefin über dich und deine Karriere zu sprechen.

Weniger als die Hälfte der befragten Arbeitnehmer und Arbeitnehmerinnen haben bereits nach einer Gehaltserhöhung gefragt und diese verhandelt. Doch du wirst sehen, wie es dir von Mal zu Mal leichter fällt. Du wirst außerdem bestens darüber informiert sein, an welchen Kompetenzen du arbeiten solltest. Nutze das Gespräch nicht nur, um Feedback zu erhalten, sondern sprich auch über deine Ambitionen, wo du hinmöchtest, und mach deinen Chef bzw. deine Chefin zum bzw. zur Verbündeten, um dieses Ziel zu erreichen.

Frauen können alles erreichen

Du siehst, es braucht lediglich etwas gesundes Selbstvertrauen und einen »Nudge«, damit über deine Leistung und Karriere gesprochen wird und du erfolgreich sein kannst. Mache dir bewusst, dass es deine Pflicht ist, ebenso sorgfältig und gut, wie du deine restliche Arbeit machst, an deiner Karriere zu arbeiten.

Ärgern dich das Gender-Pay-Gap und die daraus resultierende Ungerechtigkeit? Nutze diese Wut und kämpfe nicht nur in deinem Interesse, sondern im Interesse aller Frauen für dein berufliches Fortkommen.

Wenn wir formulieren, was wir uns wünschen, wenn wir von Großem träumen und uns nicht abbringen lassen, dann steht uns alles offen. Du wirst eines Tages die Rolle innehaben, die du dir wünschst. Oder du wirst erfolgreich dein Privatleben an erste Stelle stellen können und trotzdem fair in deiner reduzierten Arbeitszeit verdienen.

Zelebriere deine Eigenschaften, deine individuellen Karriereentscheidungen und deine Erfolge.

Too long; didn't read

- → Gender-Pay-Gap: Frauen verdienen heute immer noch 7 Prozent weniger für gleiche Arbeit. Dadurch, dass Frauen häufiger in schlecht bezahlten Teilzeitjobs arbeiten und von Frauen dominierte Berufe von der Gesellschaft abgewertet werden, verdienen Frauen insgesamt in Deutschland 18 Prozent weniger als Männer.
- → Ursache für die ungleiche Bezahlung ist die Einstellung unserer Gesellschaft, Frauen weniger Wert zuzuschreiben, von ihnen mehr soziale Leistung zu fordern und ihnen weniger Karrierechancen zu geben.
- → Setze dich im Sinne aller Frauen für deine Beförderung ein, dein Erfolg kann die Statistik positiv beeinflussen.
- → Traue dich, deinen vollen Wert einzufordern.
- → Dein Chef oder deine Chefin wird nicht nach Gerechtigkeitsaspekten befördern können, sondern danach, wer am lautesten von sich spricht und fordert.
- → Lass dich nicht von Gegenwind abbringen, kämpfe für deine Ziele.
- → Sprich soviel du kannst von deinen Erfolgen und deinen Ergebnissen.
- → Suche regelmäßig, mindestens einmal im Jahr, das Gespräch mit deinem Chef bzw. deiner Chefin über deine Karriere.
- → Wenn du dich traust zu fordern, was du verdienst, dann kannst du alles erreichen.

15. Deinen Verhandlungsstil finden

(Lesedauer: 8 Minuten)

Es gibt verschiedene Stile, wie man eine Verhandlung führen kann. Oft wird angenommen, dass aggressive Verhandler erfolgreicher sind und dass eine weichere Verhandlungsstrategie zu Nachteilen führt. Besonders solche Menschen haben in Bezug auf Verhandlungen häufig Bedenken, die nicht dem stereotypischen Bild eines aggressiven Verhandlers entsprechen. Doch nach der Beobachtung zahlreicher Verhandlungen von Personen mit den verschiedensten Stilen muss man diese Annahmen revidieren, denn jeder Stil kann auf seine Art erfolgreich sein.

Angriff, Kooperation oder Flucht?

Überwiegend kooperative Verhandler sind im Vergleich zu ihren als »tough« wahrgenommenen Kollegen und Kolleginnen häufig sogar erfolgreicher. Letztendlich definiert nicht die Art der Verhandlung den Erfolg, sondern das Ergebnis.

Wenn die gesteckten Ziele erreicht werden, spielt es keine Rolle, welche Verhandlungsstrategie angewandt wurde.

Während es einfacher sein mag, das Maximum für sich herauszuholen, indem man selbstbewusst und aggressiv auftritt, kann eine weichere, kompromissbereite Verhandlungsstrategie langfristig bessere Ergebnisse liefern, insbesondere wenn es darum geht, kontinuierlich eine Beziehung aufzubauen und zu pflegen.

Es ist ein alter Mythos, dass man in Verhandlungen selbstbewusst und aggressiv auftreten muss.

In manchen Situationen mag es hilfreich sein. Meistens ist es aber so, dass je nachdem, wer einem gegenübersitzt und was verhandelt wird, der Stil der Verhandlung darauf abgestimmt werden sollte.

In einer Verhandlung steigt das Stresslevel an. Menschen reagieren darauf so unterschiedlich und individuell, wie es Charaktere gibt. Unter Stress neigen einige Menschen dazu, direkt ihr Gegenüber zu attackieren. Für alle, denen dieses Verhalten fremd ist, sei gesagt, dass es nichts mit ihnen persönlich zu tun hat und stattdessen nur widerspiegelt, dass der Gesprächspartner unter Stress geraten ist.

Eine Schwachstelle der Angriffstypen ist es dementsprechend, dass sie dazu neigen, zu viel zu sagen und damit ihre Gedanken und Ambitionen offenzulegen.

Die andere Gruppe ist das genaue Gegenteil; sie möchten ausweichen und sich aus dem Gespräch zurückziehen, sobald sie unter Druck geraten. Fluchttypen werden auch dadurch offensichtlich, dass sie in unangenehmen Situationen immer leiser werden.

Der Wunsch, jeden Konflikt zu vermeiden, ist im Grunde auch die Schwäche der Fluchttypen.

Sie neigen dazu, bei dem Versuch der Verhandlung so schnell wie möglich zu entfliehen und/oder Zugeständnisse zu machen.[46]

Checkliste: Das brauchst du für jede Verhandlung

Die folgende Checkliste wird dir bei der Vorbereitung für deine Verhandlung hilfreich sein. Sind alle Punkte erfüllt, so wirst du deine Ziele erreichen und erfolgreich in deiner Karriere sein.

Minimal- und Maximalforderung definieren

Du solltest dir vorab Zeit nehmen, um dein Ziel genau zu definieren. Einer der häufigsten Fehler besteht darin, das Gespräch mit einer groben Schätzung der eigenen Ziele auf sich zukommen zu lassen. Nimm dir unbedingt fünf Minuten, um darüber nachzudenken, was du im Idealfall erreichen willst. Hier darfst du ruhig große Ziele formulieren, denn du solltest Puffer für die Verhandlung einbauen. Überlege außerdem, was dein minimales Ergebnis sein könnte, mit dem du dennoch zufrieden bist. Was ist immer noch ein Erfolg für dich, wenn auch kein maximaler?

Konkret sein

Wenn wir unsicher in einer Verhandlung sind, tendieren wir oft dazu, auszuweichen, indem wir einen Zahlenbereich anstatt einer konkreten Zahl nennen. Wenn du sagst: »Ich denke an ein Gehalt zwischen 45 000 und 50 000 Euro«, ist es aber wahrscheinlich, dass dein Gegenüber sich auf die untere Zahl, also 45 000 Euro, konzentrieren wird, und die höhere Zahl wird nicht mehr Teil der Verhandlung sein. Es ist daher wichtig, direkt und präzise zu sein. Wenn du denkst, dass 50 000 Euro zu hoch ist, dann nenne beispielsweise 49 500 Euro. Eine krumme Zahl wirkt in der Regel akkurater und erweckt den Eindruck, als hättest du nicht nur eine grobe Schätzung abgegeben, sondern tatsächlich recherchiert und festgestellt, dass genau dieser Betrag angemessen ist.

Das Gleiche trifft auch auf deine anderen Forderungen zu. Frage nicht nach drei bis fünf Tagen mehr Urlaub oder 20 bis 40 Prozent Zeit für Homeoffice. Stelle exakte Forderungen. Alle Forderungen sollten sich etwas über deinem eigentlichen Ziel befinden, sodass du noch Verhandlungsspielraum hast.

Inhaltlich vorbereiten, Argumente sammeln

Die vorherigen Kapitel erläutern im Detail, wie du starke Argumente vorbereiten kannst. Sie helfen dir, dein Anliegen zu untermauern und auf mögliche Gegenargumente gekonnt zu kontern. Nimm deine Liste mit in den Termin. Du solltest nicht alle Argumente ablesen, aber ab und an einen Blick auf deinen Zettel zu werfen, verleiht dir sogar Seriosität und unterstreicht, wie wichtig dir der Termin und deine Forderungen sind.

Mental auf das Gegenüber vorbereiten

Du weißt bereits, mit wem du dein Gespräch führen wirst. Was hat die Person für einen Charakter, wie pflegt sie in Verhandlungen aufzutreten? Hast du einen Gegenangriff zu erwarten? Oder wirst du vielleicht gerne von deinem bzw. deiner Vorgesetzten vertröstet? Was sind die Ziele der Gegenseite?

Bereite dich darauf vor, die persönlichen Schwächen und Stärken deines Gegenübers für dich zu nutzen.

Für schwierige Situationen findest du in Kapitel 16, »Strategien für den Notfall«, gute Antworten und Anregungen, wie du dein Gegenüber aushebeln kannst.

Gleichzeitig solltest du mit einem positiven Mindset in das Gespräch gehen. Stelle dir vor der Verhandlung vor, wie du gelassen und gelöst deine Argumente vorträgst und immer eine gute und passende Antwort parat hast. Geh im Kopf die beste Version des Gesprächsverlaufs durch. Dies wird dir helfen, positiv in das Gespräch zu gehen und deine Konzentration und Kraft zu entfalten.

Hier sind ein paar Affirmationen, die du ebenfalls vor dem Gespräch nutzen kannst:

- Ich kenne meinen Wert.
- Es fällt mir leicht, für meinen Wert einzustehen.
- Ich bin ein guter Verhandler.
- Ich habe die Stärke, einzufordern, was mir zusteht.
- Ich werde erfolgreich sein.

Ein weiterer Grund, weshalb dein positives Mindset den Unterschied machen kann, ist, dass dein Gegenüber gern mit dir zusammenarbeiten wird, wenn du selbstbewusst auftrittst. Es wird dir positiv zugeschrieben werden, wenn du deinen Wert, deine Erfolge und deine Fähigkeiten kennst und für diese eintrittst.

Sei professionell und sachlich, traue dich, deine Fähigkeiten, Erfolge und Forderungen auszusprechen.

Entspannt und kompetent auftreten

Du hast jeden Grund, selbstbewusst in die Verhandlung zu gehen. Denn du stehst für deinen Wert ein. Sheryl Sandberg schreibt in ihrem Buch »Lean In: Frauen und der Wille zum Erfolg« von ihrer Gehaltsverhandlung mit Mark Zuckerberg, als sie zu Facebook wechselte. Es war eine schwierige Verhandlung für sie, die sich über mehrere Runden erstreckte. Sie leitete die Verhandlung mit dem Satz ein, dass Mark sie nur ein Mal so wie in dieser Verhandlung erleben würde. Denn dies sei das einzige Mal, dass sie und er Gegenparteien seien. Sobald sie bei Facebook anfangen würde, könne er davon ausgehen, dass sie ebenso hart mit den Gegenparteien von Facebook verhandeln würde. Sie entschärfte so den Schlagabtausch und die harte Verhandlung zwischen den beiden und inszenierte die Verhandlung als Präsentation ihrer Skills.[47]

Stärke dich vor der Verhandlung, sodass du ideale Voraussetzungen für dich schaffst.

Du brauchst nicht ein besonders harter Verhandlungstyp sein, dennoch darfst du ruhig selbstbewusst auftreten und mit deinem bzw. deiner Vorgesetzten in eine Diskussion eintreten. Zieh dir Kleidung an, in der du dich stark fühlst, umgib dich mit positiven Impulsen, sei es, dass du dir einen besonderen Kaffee vor dem Gespräch gönnst oder noch mal eine Runde am Morgen durch den Park drehst.

Auf schwierige Fragen gefasst sein

Während der Verhandlung wirst du mit Gegenargumenten und Rückfragen konfrontiert werden. Es ist wichtig, bereits im Vorfeld gute Antworten vorbereitet zu haben, um souverän darauf reagieren zu können. Solltest du dennoch überrascht werden, bewahre Ruhe und reagiere sachlich und professionell auf die Gegenfrage. Wenn du keine sofortige Antwort parat hast, kannst du den Punkt auch offenlassen und später darauf zurückkommen. Eine Antwort wie »interessanter Punkt« zeigt, dass du das Argument zur Kenntnis genommen hast, aber aktuell auf andere Punkte fokussiert bist.

Es ist ganz normal, dass dein Gegenüber einige »Gewinne« durch seine bzw. ihre Argumente erzielen wird. Das bedeutet jedoch nicht, dass dein Anliegen dadurch entkräftet wird, solange du eine umfangreiche Liste an Punkten hast, die es unterstützen. Ein oder zwei Gegenargumente können dein Anliegen nicht vollständig widerlegen.

Keine finalen Zusagen in der Verhandlung machen

Ziel des Gesprächs wird es sein, dass ihr eure Standpunkte und Möglichkeiten verhandelt. Wahrscheinlich wirst du in einigen Punkten deinem oder deiner Vorgesetzten entgegenkommen und er oder sie in anderen Punkten dir.

Wichtig ist, dass du dich nicht dazu verleiten lässt, bereits im Gespräch Zusagen zu machen, es sei denn, deine idealen Ziele werden erreicht.

Wieso? Im Gespräch bist du unter Stress, dein Herzschlag ist erhöht, und dein Körper voller Adrenalin – was dich einerseits stärkt, aber auch dazu führt, dass du vielleicht eine etwas andere Perspektive auf die Sachlage hast, als wenn du entspannt bist.

In einem Gespräch neigen wir sehr schnell dazu, aus Gefälligkeit Dinge zuzusagen. Daher pass gut auf, was du antwortest. Wenn du keine Zusagen machst, kannst du später, wenn du das Gesagte reflektierst, nichts bereuen.

Sätze wie »Vielen Dank, ich freue mich sehr, dass wir hier ein mögliches Ergebnis skizzieren konnten. Erlauben Sie mir, dass ich dieses noch mal in Ruhe prüfe und Ihnen dann morgen meine finale Zusage gebe?« helfen dir, Zeit zu gewinnen. So lässt du dir eine kleine Hintertür offen und kannst am nächsten Tag immer noch sagen: »Mir ist aufgefallen, dass Punkt X leider außer Acht gelassen wurde, dieser ist aber besonders kritisch für mich. Lassen Sie uns doch noch mal definieren, wie wir dazu eine Lösung finden können.«

Too long; didn't read

- → Nicht dein Stil definiert, ob du erfolgreich bist, sondern das Ergebnis. Vergiss also den Stil und konzentriere dich auf das Ergebnis.
- → Es gibt Angriffs- und Fluchttypen. Angriffstypen neigen dazu, zu viel zu sagen, Fluchttypen machen vielleicht verfrüht Zugeständnisse, um einer Situation zu entfliehen.
- → Allein Übung macht uns zu erfolgreichen Verhandlern; übe so viel du kannst.
- → Kenne dein genaues Ziel, definiere deine Minimal- und Maximalforderung.
- → Sei spezifisch in deinen Forderungen, nenne genaue Zahlen und Ziele anstatt Spannen.
- → Untermauere deine Forderungen mit Argumenten, sammle deine Erfolge und Fähigkeiten.
- → Sei mental vorbereitet, indem du dich auf dein Gegenüber einstellst. Überlege, wie dein Gegenüber auftreten wird, was seine bzw. ihre Ziele sind, und stelle deinen Stil darauf ein.
- → Tritt kompetent und selbstbewusst auf, erlaube dir, für deine Forderungen einzustehen.
- → Sei gefasst auf schwierige Fragen und Gegenargumente. Entweder hast du durch die Vorbereitung gute Antworten parat, und du lässt sie ins Leere laufen, oder du erlaubst der Gegenseite den Punkt und stimmst zu. Es wird dein Anliegen nicht schwächen, wenn du dich auf die Verhandlung einlässt.
- → Mache keine finalen Zusagen im Gespräch, wenn es nicht deinen idealen Zielen entspricht. Verschaffe dir Zeit, um nochmals mit ruhigem Kopf darüber nachzudenken.

16. Strategien für den Notfall

(Lesedauer: 12 Minuten)

Jede Verhandlung birgt Herausforderungen, weil dein Verhandlungspartner nicht immer erfreut auf deine Forderungen eingehen wird. Ganz im Gegenteil kommt es häufig vor, dass Gegenargumente, Hindernisse und zusätzliche Forderungen aufkommen. Während ein paar Gegenargumente durchaus dazugehören und deinen Verhandlungserfolg nicht gefährden, gilt es zu verhindern, dass sich das Gespräch in die falsche Richtung entwickelt. Hier solltest du von den Notfallstrategien aus diesem Kapitel Gebrauch machen. Sie können dir helfen, den Verlauf des Gesprächs in deinem Sinne zu beeinflussen.

Im Folgenden erhältst du sieben konkrete Tipps, wie du dich in schwierigen Situationen, die typisch für Gehaltsgespräche sind, verhalten kannst. Die Herausforderung besteht darin, die eigenen Ziele im Blick zu behalten, aber trotzdem dem Gegenüber zu ermöglichen, sein Gesicht zu wahren. Denn eine Verhandlung ist erst verloren, wenn du aufgibst.

Dein Gesprächspartner wird aggressiv

Dein Gegenüber tritt laut, stark oder aggressiv auf? Kein Grund, sich einschüchtern zu lassen. Aggressives Verhalten in einer solchen Verhandlung zeigt die Schwäche deines Gegenübers: Er oder sie schafft es nicht, souverän durch ein Mitarbeitergespräch zu navigieren. Das Verhalten zeigt auch, dass dein Gegenüber scheinbar keine andere Möglichkeit mehr sieht und bereits die letzte Karte zieht: die der Aggressivität. In vielen Situationen mag dies funktionieren, aber nicht mit dir.

Denn es ist ein Leichtes, einen aggressiven Verhandlungspartner auszuhebeln. In dieser Situation solltest du ein wenig Stille zulassen. Antworte nicht direkt und lass ein paar unangenehme Sekunden Schweigen zu. Dies wird deinem Gegenüber helfen zu realisieren, was passiert, und vielleicht auch zu Scham für das Verhalten führen.

Wichtig ist, dass du sachlich und konstruktiv bleibst. Du kannst auf einen aggressiven Angriff hin etwas sagen wie: »Ich habe den Eindruck, dass Ihnen Punkt ______/das Thema/_____ sehr wichtig ist.«

Ich-Sätze helfen, um dein Gegenüber ins sachliche Gespräch zurückzuholen, denn sie wirken deeskalierend.

Du wirst sehen, dass dein Gegenüber sich wieder beruhigen und vielleicht sogar entschuldigen wird.[48]

Ich-Sätze sind die besten Entschärfer in jeder Form von Konflikt. Was sie auszeichnet, ist, dass du dich dadurch nicht angreifbar machst, denn es ist schwer, die subjektive Empfindung eines anderen anzugreifen. Gleichzeitig reflektieren sie dem Aggressor, wie das Verhalten von außen wahrgenommen wird. Häufig ist nämlich auch beim aggressiven Part das Adrenalin so stark gestiegen, dass sämtliche Energie zu Kopf gestiegen ist und so das aggressive Verhalten, als letzte Chance auf Erfolg, ausgelöst hat.

Mit einem Satz wie etwa »Ich habe das Gefühl, wir entfernen uns vom Thema. Wie können wir hier konstruktiv Ergebnisse erzielen?« kannst du deinem Gegenüber einen Weg zurück in den Dialog aufzeigen.

Deine Forderung wird ignoriert

Deine Vorgesetzte hört deine Forderungen nicht? Oder kommt auf eine völlig andere Idee? Hier gibt es eine interessante Strategie, die Adel Abdel-Latif in seinem Buch »Quick & Dirty. Die geheimen Strategien und Taktiken des Verhandlungsprofis« empfiehlt.

»Chinesische Wasser-Folter«: Du wiederholst deine Forderungen andauernd. Ziel ist es, dein Gegenüber mürbe zu machen.

Außerdem gibst du deinem Gegenüber so keine Möglichkeit, dein Anliegen zu übergehen und dir zu entwischen. Auch wenn du dir vielleicht blöd vorkommst: Wiederhole immer wieder, weshalb ihr dieses Gespräch führt und was das Ziel eures Termins ist. Nämlich die nächsten Schritte deiner Karriere zu definieren.[49]

Wenn du merkst, dass dein Verhandlungspartner nicht auf dein Anliegen eingeht, kannst du Folgendes tun: Hülle dein Gegenüber in eine Wolke von Komplimenten. Du kannst das Gespräch bereits mit vielen Komplimenten beginnen oder diese Taktik erst nutzen, wenn du merkst, dass es nicht läuft wie geplant. Die Komplimente werden dazu führen, dass dein Gegenüber dir für die Komplimente etwas zurückgeben möchte.

Es ist schwer, zu jemandem gemein oder hart zu sein, der einem Komplimente macht.

Wirf also gerne hier und da Komplimente ein, wichtig ist nur, dass diese ehrlich und passend sind. Denn unehrliche Komplimente identifiziert man leicht. Bezieh dich am besten auf Aspekte deines Gegenübers, die du tatsächlich bewundern kannst. Wie etwa das Verhandlungsgeschick. »Ich sehe, dass Sie ein erfahrener Verhandler sind und mich hier erfolgreich dazu bringen, von meinen Punkten abzukommen. Dennoch möchte ich unseren Fokus noch mal zurück zum Anlass dieses Gesprächs führen und unterstreichen, wie wichtig mir das Anliegen ist.«[50]

Deine Beförderung wird abgelehnt

Es gibt Strategien, die du anwenden kannst, wenn dein Chef oder deine Chefin hart bleibt und nicht bereit ist, Zugeständnisse zu machen. Eine Möglichkeit ist, mit gezieltem Schweigen zu kontern.

Schweigen kann deinem Gegenüber in der Verhandlung Unbehagen bereiten und dazu veranlassen, etwas zu sagen, um die Stille zu füllen.

Wir neigen dazu, in einem Gespräch Stille nicht gut auszuhalten, und füllen diese gerne mit Worten. Indem du schweigst, kannst du deine Verhandlungspartner dazu veranlassen, Fehler zu begehen, Zugeständnisse zu machen oder wichtige Informationen auszuplaudern.

Es wird schwierig sein, die Stille auszuhalten, da sie als ungewohnt und unangenehm empfunden wird. Menschen tendieren in der Regel dazu, solche unangenehmen stillen Momente zu vermeiden. Wenn du aber Ablehnung erlebst, so nutze die Emotion, die die Enttäuschung in dir auslöst, um einfach nichts zu sagen. Schau am besten dabei dein Gegenüber an, sodass das Schweigen noch kraftvoller wirkt. Dein Verhandlungspartner wird nun nicht anders können und seine bzw. ihre Aussage abschwächen, dir anders entgegenkommen oder eine alternative Perspektive eröffnen.[51]

Dir wird gedroht

Dein Chef oder deine Chefin droht dir, dass du deine Position verlieren könntest? Oder es wird dir ein Ultimatum gesetzt? Dein Gegenüber versucht, dich im Gesprächsverlauf in die Ecke zu drängen und massiv unter Druck zu setzen?

Bei vielen Menschen würden hier sicherlich alle Alarmglocken angehen und der Stresspegel steigen. Du aber kannst entspannt sein, denn du durchschaust ja, dass dein Gegenüber scheinbar keine andere Lösung weiß und daher die letzte Karte, die Drohung, ins Spiel bringt.

Eine Drohung kann dadurch entschärft werden, dass du sie in abgeschwächter Form wiederholst.

Du kannst etwas sagen wie: »Ich bedanke mich für die offene Kommunikation. Wenn ich Sie richtig verstehe, dann wünschen Sie sich eine optimierte Leistung.« Wenn dein Gegenüber wirklich so unzufrieden ist, wieso wurde das nicht bereits vor dem Termin angesprochen? Offensichtlich möchte dein Verhandlungspartner dein Anliegen ausschlagen, aber mit einer Drohung kommt er bzw. sie nicht weit.

Indem du die Drohung neutralisierst, ermöglichst du es dir und deinem Chef bzw. deiner Chefin, weiterhin ein sachliches und konstruktives Gespräch zu führen. Die Emotionen werden dadurch beruhigt.

Dennoch solltest du nach dem Gespräch sachlich analysieren, was das Ergebnis für dich ist. Wenn dein Chef oder deine Chefin dir droht, ist infrage zu stellen, wie gut er bzw. sie dich in Zukunft in deiner Karriere unterstützen wird. Du kannst am besten einschätzen, ob er bzw. sie unter massivem Druck stand und daher zur Drohung greifen musste oder ob dies vielmehr aufzeigt, dass er oder sie auch in Zukunft nicht offen dafür ist, dich und deine Fähigkeiten zu fördern.

Noch ein Satz zur Drohung: Wenn du diese gehört hast, war sie vermutlich mit harten Gegenargumenten untermauert. Das kann durchaus nahegehen oder am Ego kratzen. Mach dir unbedingt bewusst, dass das nicht bedeutet, dass du weniger gut bist als andere. Eine Drohung bedeutet lediglich, dass du und dein Chef bzw. deine Chefin nicht zusammenpassen.

Jeder Chef präferiert andere Kompetenzen, und was der eine als chaotisch wahrnimmt, ist für den anderen intuitiv und energiegeladen.

Besprich dich mit Personen, die dir zugewandt sind, vielleicht sogar einem Coach, und entscheide selbst, ob du das Feedback annehmen möchtest oder nicht.

Das Gespräch wird auf andere Themen gelenkt

Ähnlich wie wenn dein Gegenüber nicht auf deine Beförderung eingeht, kann es sein, dass deine Forderungen einfach übergangen werden, als würden sie nicht existieren.

Lass die Ablenkungsversuche deines Gegenübers ins Leere laufen. Dies kannst du ganz einfach, indem du immer wieder zum Thema zurückkommst und nicht auf Nebenthemen oder Argumente eingehst.

Ein eleganter Weg hierfür sind Antworten wie »Interessanter Punkt« oder »Theoretisch stimme ich Ihnen zu«, und dann kommst du zum Thema zurück. Du kannst zusätzlich den Verhandlungspartner zwingen, eine Aussage zu deiner Beförderung zu machen, indem du direkt eine Frage hinzufügst. Etwa: »Ich stimme Ihnen zu. Können Sie sich vorstellen, dass ich zum Jahresende auf die neue Position befördert werde?«[52]

Du wirst vertröstet

Ich habe den Eindruck, dass Vorgesetzte zwei mögliche Reaktionsmuster zeigen, wenn sie jemanden nicht befördern können oder wollen.

Eine Art der Reaktion sind harte Gegenargumente, die gelegentlich auch mit Drohungen einhergehen. So verhalten sich häufig Vorgesetzte, die keine Scheu davor haben, Konflikte anzugehen. Viele Chefs und Chefinnen sind jedoch bestrebt, eine positive Beziehung zu ihren Teammitgliedern aufrechtzuerhalten. Deshalb greifen sie eher zu der verbreiteteren Form der Ablehnung, die gleichzeitig weniger konfrontativ ist und dem oder der Vorgesetzten einen eleganten Ausweg ermöglicht – die Vertröstung.

Die Vertröstung kann in unterschiedlicher Form erfolgen. Vielleicht hast du schon einmal davon gehört oder sie selbst erlebt. Vorgesetzte verweisen dann beispielsweise auf das Budget oder auf feste Zeitfenster für Beförderungen. Es kann auch vorkommen, dass dir zusätzliche Aufgaben übertragen werden, bis dir die Beförderung in Aussicht gestellt wird.

Dass du vertröstet wirst, heißt nicht, dass du nicht erfolgreich bist. Tatsächlich wirst du mindestens bei 50 Prozent deiner Anfragen nach einer Beförderung vertröstet werden, wenn du dich an meine Empfehlung hältst, bei jeder Gelegenheit nachzuhaken und deinen Wert zu prüfen.

Die Ablehnung hilft dir zu verstehen, was aus Sicht deines Vorgesetzten dagegenspricht, dich heute zu befördern.

Wenn du die vorherigen Hindernisse beachtet hast, so gibt es beim nächsten Gespräch keinen Grund, dich erneut zu vertrösten. Der Druck auf deinen Vorgesetzten oder deine Vorgesetzte, dich zu befördern, steigt also.

Wichtig ist, dass du versuchst herauszufinden, ob die vorläufige Ablehnung und Vertagung deines Anliegens final ist oder ob es noch Spielraum gibt. Du solltest es daher auf jeden Fall probieren, deine Beförderung zu erzielen.

Deine Antwort auf Vertröstungen sollte unbedingt die Dringlichkeit deines Wunsches unterstreichen. Konsequenzen können subtil angedeutet werden, ohne sie direkt auszusprechen.

Hier sind einige Sätze, die du nutzen kannst, um deine Grenzen zu testen und deinen Standpunkt klarzumachen.

- ✓ »Vielen Dank für Ihre Transparenz und die Perspektive. Tatsächlich ist mein Anliegen äußerst dringend für mich, und es fällt mir schwer zu warten, bis der Zeitpunkt für die Firma passender ist. Gibt es eine Alternative, mit der Sie mir entgegenkommen können, während ich warte?«
- ✓ »Ich schätze Ihre offene und transparente Antwort. Dennoch muss ich darauf hinweisen, dass ich unabhängig von den Zyklen der Firma beste Leistung gebracht und mich in jede Aufgabe reingehängt habe. Nun nochmals warten zu müssen, enttäuscht mich sehr, und ich bitte Sie, noch mal zu prüfen, ob es nicht noch Spielraum für mein Anliegen oder eine Alternative für die Dauer des Wartens gibt.«

Deine Firma steckt in einer wirtschaftlichen Krise

Natürlich kann es sein, dass die wirtschaftliche Situation deiner Firma angespannt ist. Obwohl du also Bestleistung bringst, fällt es in diesem Fall deinem Chef oder deiner Chefin sehr schwer, dir Zugeständnisse zu machen. Er bzw. sie hat vollkommen recht, denn es bringt die Firma in einem angespannten Markt unter Druck, wenn sie ihre Fixkosten erhöht. Dennoch hast du ein Recht darauf, auch in schwierigen Jahren befördert zu werden.

Ich war selbst als Vorgesetzte in der Situation, dass ich keinen Spielraum hatte, um mein Team zu befördern. Dennoch weiß jeder gute Chef und jede gute Chefin, dass sie nur mit einem starken Team durch eine Krise navigieren kann. Daher habe ich in dieser Situation überlegt, was ich meinen besten Teammitgliedern stattdessen anbieten kann.

Wenn dein Chef oder deine Chefin aufgrund der wirtschaftlichen Situation nicht dazu in der Lage ist, solltest du deinen Marktwert prüfen. Gibt es andere, spannendere Positionen für dich, dann explorieре diese. Gibt es eine generelle Krise und keine alternativen Jobaussichten, so bereite deine Beförderung für die Zeit nach der Krise vor. Für den Augenblick ist es gut, einen sicheren Job zu haben.

Wenn du dem Chef oder der Chefin aufzeigen kannst, dass du mit aller Kraft daran arbeitest, die Firma aus der schwierigen wirtschaftlichen Situation zu bringen, so ist es bereits deutlich wahrscheinlicher, dass du doch befördert wirst. Gib ihm oder ihr Zeit, darüber nachzudenken, denn angesichts des wirtschaftlichen Drucks solltest du ihn oder sie nicht noch zusätzlich unter Zeitdruck setzen. Dass du ihm bzw. ihr entgegenkommst, wird es ihm bzw. ihr leichter machen, dir ebenso entgegenzukommen.

Sollte wirklich keine Beförderung möglich sein, so nutze unbedingt das Gespräch, um zu definieren, wann deine Beförderung möglich ist. Dies macht es dir in der Zukunft deutlich leichter, deine Beförderung zu erzielen. Obendrein ist so für beide Seiten klar, was nötig ist, um deine Entwicklung voranzutreiben.

Too long; didn't read

- → Aggressiven Verhandlungspartnern sollte man sachlich begegnen. Sie werden am besten durch einen beobachtenden Ich-Satz entschärft. Etwa so: »Ich habe den Eindruck, dass ...«
- → Wenn dein Vorgesetzter oder deine Vorgesetzte das Gespräch in die falsche Richtung lenkt, solltest du dein Anliegen laufend wiederholen, sodass es kein Ausweichen gibt.
- → Wenn der Wunsch nach Beförderung ignoriert wird, so kannst du großzügig Komplimente an deinen Verhandlungspartner verteilen, sodass er oder sie dir ebenso entgegenkommen möchte.
- → Wenn dein Gegenüber dein Anliegen ablehnt, so halte ein wenig unangenehme Stille aus. Erwidere einfach nichts auf die Ablehnung. Um die unangenehme Stille zu brechen, wird dein Gegenüber sprechen und dir im Idealfall entgegenkommen.
- → Drohungen sollte man in eigenen Worten und in abgeschwächter und sachlicher Form wiederholen, um sie abzuschwächen.
- → Gegenargumente kannst du ins Leere laufen lassen, indem du nicht auf sie eingehst.
- → Wirst du vertröstet, so probiere unbedingt, ob es nicht vielleicht doch möglich ist, heute etwas zu erreichen. Etwa indem du den Druck erhöhst und die Dringlichkeit deines Anliegens nochmals verdeutlichst.
- → Vertröstet zu werden, kann auch ein Teilerfolg sein, denn so wird die nächste Verhandlung leichter, und du kannst die genannten Hürden aus dem Weg räumen.
- → Während einer wirtschaftlichen Krise befördert zu werden, ist schwierig, aber nicht unmöglich. Denn wenn du glaubhaft zeigen kannst, dass du das Ticket aus der Krise bist, so wird dein Chef oder deine Chefin möglicherweise zusätzliches Budget frei machen können.

17. Abschluss des Gesprächs

(Lesedauer: 3 Minuten)

Standpunkte und Argumente wurden ausgetauscht, die Zeit für euren Termin neigt sich dem Ende zu. Nun gilt es, das Gespräch erfolgreich abzuschließen. Versuche, das Gespräch nach dem Austausch von Argumenten nicht ohne Ergebnis zu beenden. Etwa indem du noch ein weiteres Mal nach der Beförderung fragst: »Könnte ich, als Gegenleistung für die Beförderung, Aufgabe/Verantwortung X übernehmen?«

Final deine Beförderung einfordern

In den letzten zehn Minuten des Gesprächs solltest du unbedingt nochmals den Fokus auf deine Forderung legen. Seid ihr im Gespräch abgeschweift, so komme jetzt zum Thema zurück und stelle nochmals ohne Umschweife deine Forderung.

Es ist in Ordnung, dafür auf deinen oder deine Vorgesetzte zuzugehen und auch ihm bzw. ihr entgegenzukommen. Am Ende sollte es für euch beide ein Win-win-Ergebnis sein. Denn eine Beförderung bedeutet nicht nur mehr Lohn und Dank für dich, sondern auch mehr Verantwortung und Arbeit, die für die Firma nützlich sind.

Mögliche Ergebnisse

Je nachdem, wo euer Gespräch steht und wie dein Chef oder deine Chefin eingestellt ist, könntet ihr zu einem der folgenden Ergebnisse kommen.

1. Du konntest eine Beförderung erreichen.
   → Herzlichen Glückwunsch!

2. Ihr tauscht euch über einen Kompromiss aus.
   → Nicht enttäuscht sein, du wirst zeitnah dein Ziel erreichen.

3. Die Beförderung wurde vertagt.
   → Kein Grund, den Kopf hängen zu lassen. Auch das Wissen darüber, was es zur Beförderung braucht, ist wertvoll. Ist dein Chef bzw. deine Chefin überhaupt nicht offen für deine Entwicklung, so hast du nun Klarheit darüber, dass du deine Karriere besser in einer anderen Firma fortsetzt.

Das Ergebnis zusammenfassen

Um Missverständnisse zu vermeiden, sollte das Gesagte zusammengefasst werden. Beschreibe in deinen Worten, was besprochen wurde. Wichtig ist, dass du auch Abhängigkeiten beschreibst, etwa was erreicht werden muss, damit du deine Beförderung erhältst, und zu welchem Zeitpunkt sie gültig werden kann.[53]

Geht das Gespräch ohne klares Ergebnis aus, so solltest du trotzdem die Positionen wiederholen. »Sie wünschen sich, dass ich Projekt X erfolgreicher bearbeite und an Kompetenz Y arbeite. Ich möchte bis Ende X befördert werden und werde alles tun, um dieses Ziel zu erreichen.«

Nächste Schritte definieren

Gemeinsam sollten außerdem die nächsten Schritte festgehalten werden. Hier ist es günstig für dich, wenn ihr so konkret wie möglich seid. Je genauer die Vereinbarung zwischen euch ist, umso eher wird alles klappen.

Hat dir dein Chef oder deine Chefin eine Beförderung in Aussicht gestellt, so halte nochmals alle wichtigen Aspekte fest. Einigt euch außerdem auf ein Datum, bis wann ihr wieder zu dem Thema im Austausch sein werdet, wann die Beförderung wirksam wird und mit welchem Gehalt.

Kommt es zu einem Kompromiss, so kannst du die Gelegenheit nutzen, um mögliche offene Punkte zu deinen Gunsten zu drehen. Ist etwa nicht ganz klar, wann die Beförderung umgesetzt wird, so mache einen Vorschlag in deiner Zusammenfassung.

Musstest du das Gespräch vertagen, etwa weil dein Chef oder deine Chefin überhaupt nicht offen für deine Beförderung war, dann halte trotzdem fest, welche Hürden dir genannt wurden. So stellst du sicher, dass in Zukunft nicht noch mehr Punkte hinzukommen und du in jedem Gespräch erneut Steine in den Weg gelegt bekommst. Sollte es wirklich noch eine Weile dauern, bis dir eine Beförderung in Aussicht gestellt wird, so lohnt es sich, auch dies zu wiederholen. Dies spiegelt der Vorgesetzten bzw. dem Vorgesetzten deine Enttäuschung: »Sie sagten, dass ich leider erst frühestens in drei Jahren in dieser Firma befördert werden kann.«

Du kannst außerdem einen Follow-up-Termin erbitten. Vereinbare ein Treffen in drei Monaten, um erneut über das Thema zu sprechen. Im Idealfall könnt ihr bis dahin bereits erste Ergebnisse besprechen.

Einige dich noch im Gespräch auf die nächsten Schritte, biete an, das Gesagte schriftlich zusammenzufassen, und vereinbare euer nächstes Treffen.

Abschluss

Egal wie intensiv eure Verhandlung war, versuche, sie offen und positiv zu beenden. Halte dir für die Zukunft die Tür offen und achte obendrein darauf, dich bei deinem Gesprächspartner für die Zeit und den Austausch zu bedanken.

Du möchtest deinen Chef oder deine Chefin für dich gewinnen. Wenn du also befördert wurdest, solltest du dich dankbar zeigen und deine Wertschätzung und Anerkennung zeigen.

Ist es zu einem Kompromiss gekommen, dann ist es umso wichtiger, dass dir dein Chef oder deine Chefin wohlgesonnen ist und auch in Zukunft wieder gerne mit dir verhandelt. Wenn du nun eingeschnappt reagierst, verschließt du dir künftige Möglichkeiten. Sei also auch in diesem Fall freundlich und positiv, konzentriere dich auf eure gemeinsamen Ziele.

Wurde deine Beförderung abgelehnt, so darfst du enttäuschst sein. Sei aber nicht persönlich negativ gegenüber deinen Vorgesetzten. Du brauchst ihre Kooperation noch, um deine Karriereziele zu erreichen. Zeige dich als fairer Verlierer, im Nachgang kannst du immer noch deine Konsequenzen ziehen.

Too long; didn't read

→ Trage in den letzten zehn Minuten nochmals dein konkretes Ziel (Gehaltswunsch und Position) vor und versuche, das Gespräch zum Abschluss zu bringen.

→ Fasse das Ergebnis in deinen eigenen Worten zusammen.

→ Definiert die nächsten Schritte gemeinsam. Sei so konkret wie möglich, wann deine Beförderung in Kraft tritt, was erreicht wurde oder was für eine Beförderung noch notwendig ist.

→ Lege Wert auf ein positives Verhältnis bis zur Verabschiedung. Dein Chef bzw. deine Chefin soll dir auch in Zukunft wohlgesonnen sein.

WAS PASSIERT JETZT?

18. Follow-up des Gesprächs

(Lesedauer: 2 Minuten)

Ein sauberes Follow-up ist nun das Leichteste, nachdem du die Verhandlung gemeistert hast. Die Nacharbeit besteht aus einer sauberen und positiven Dokumentation der Vereinbarung. Im Nachgang können dann die nächsten Schritte eingeleitet werden.

Feiere deinen Mut

Bevor du mit den nächsten Aufgaben weitermachst, halte einen Moment inne und sei stolz auf dich. Du hast es geschafft! Du hast dich in eine schwierige Verhandlung gewagt und hast für dich das bestmögliche Ergebnis erzielt, Gratulation.

Nimm dir Zeit, den Erfolg zu genießen. Feiere dich und deinen Mut. Du hast das Gespräch hinter dir und bist über dich hinausgewachsen.

Egal wie das Ergebnis ist, du hast jeden Grund, wirklich sehr stolz auf dich zu sein.

Schriftliche Zusammenfassung

Je nachdem, wie ihr verblieben seid, solltest du das Ergebnis schriftlich zusammenfassen. Lass dir Zeit und schreibe sorgfältig alles auf, was vereinbart wurde. Die Dokumentation, die du dann an deinen Chef bzw. deine Chefin sendest, sollte übersichtlich aufgebaut sein:

- Hauptergebnis: das Ergebnis und mögliche Abhängigkeiten, etwa nach Abschluss von Projekt X oder zu Zeitpunkt Y.
- Mögliche Hürden: sollte es vorab noch Skills zu verbessern oder Aufgaben zu übernehmen geben, um das Können zu beweisen.
- Besondere Vereinbarungen: Hast du Stillschweigen versprochen? Hat dein Chef bzw. deine Chefin versprochen, dass er oder sie versucht, weitere Zusagen für dich zu erreichen?
- Nächste Schritte: Sei so konkret wie möglich, mit Datum und Inhalt, was als Nächstes zu tun ist.

Sende deine schriftliche Dokumentation möglichst zeitnah, maximal einen Werktag nach dem Termin, an deinen Vorgesetzten oder deine Vorgesetzte.

Wenn du länger wartest, könnte es wirken, als ob es dir nicht wichtig ist. Falls nötig, setze dich also noch abends hin, schreibe die kleine Zusammenfassung und zeige so, wie zuverlässig und engagiert du bei der Sache bist.

Beachte in deiner Nachricht, dass wir im geschriebenen Wort schlechter auf den Adressaten eingehen können als im persönlichen Gespräch. Es ist schwieriger zu vermeiden, dass sich vielleicht jemand auf den Schlips getreten fühlt. Sei also äußerst freundlich und positiv und biete deinem Chef oder deiner Chefin an zu korrigieren, solltest du etwas falsch dokumentiert haben.[54]

Mögliche Danksagungen

Du solltest dich außerdem unbedingt bedanken, besonders wenn du erfolgreich warst und befördert wurdest. Wenn dein Chef oder deine Chefin nicht der bzw. die Einzige war, der oder die über deine Beförderung entschieden hat, so bedanke dich bei allen Beteiligten. Denn man befördert auch in Zukunft besonders gerne die Mitarbeitenden, die dies zu schätzen wissen. Du bereitest so deine nächste Beförderung vor.

Seid ihr mit einem Kompromiss aus der Verhandlung gekommen, so bedanke dich für die Offenheit und Bereitschaft, mit dir gemeinsam eine Lösung zu finden.

Wurde dein Anliegen vertagt, so zeige trotzdem, dass es dir etwas bedeutet, dass ihr euch mit dem Thema auseinandergesetzt habt. Sprich Dank für die ehrlichen Worte und das konstruktive Feedback aus. Auch wenn dir im Moment vielleicht weniger nach Dank ist, so hilft es, um deinen Chef bzw. deine Chefin in Zukunft für dich zu gewinnen. Es zeigt, dass du ein fairer Verlierer bzw. eine faire Verliererin bist und nun alles in die Wege leitest, um deine Beförderung zu erzielen.

Bedanke dich für die ehrlichen Worte und für das konstruktive Feedback.

Wenn du deinem Chef oder deiner Chefin zeigst, dass du seine bzw. ihre Bereitschaft, sich mit deiner Karriere auseinanderzusetzen, wertschätzt, so wird er bzw. sie eher auch in Zukunft gerne mit dir über dieses Thema reden.

Too long; didn't read

→ Gratulation, du hast es geschafft! Feiere deinen Mut und dein Ergebnis. Egal wie die Verhandlung ausgeht, ist es das für dich bestmögliche Ergebnis.

→ Halte alles Besprochene schriftlich fest und sende es zeitnah an deinen Vorgesetzten bzw. deine Vorgesetzte.

→ Bedanke dich bei deinem Chef bzw. deiner Chefin und bei allen Beteiligten, um sie auch für zukünftige Beförderungen für dich zu gewinnen.

19. Die nächsten Schritte vorbereiten

(Lesedauer: 3 Minuten)

Nachdem du dich jetzt mit deinem oder deiner Vorgesetzten ausgetauscht hast, kannst du an deiner weiteren Entwicklung arbeiten. Nach dem Beförderungsgespräch ist sozusagen vor dem Beförderungsgespräch.

Aufgaben erfüllen

Habt ihr in eurer Verhandlung Dinge vereinbart, die du erfüllen musst? So konzentriere dich als Erstes darauf. Mach dir eine Liste der nächsten Schritte und Meilensteine und versieh sie, wenn möglich, mit Terminen, bis wann du sie abgeschlossen haben möchtest.

Aus dem Gespräch lernen

Wenn du erfolgreich warst, so merke dir, was besonders gut funktioniert hat. Dies kann nützlich für zukünftige Verhandlungen sein. Wenn es auch Punkte gab, in denen du nicht erfolgreich warst, dann versuche, eine Erkenntnis für dich daraus abzuleiten. Auch wenn deine Beförderung verschoben wurde, kannst du dies als Learning sehen und versuchen zu identifizieren, was du in Zukunft gerne anders machen möchtest.

Kompetenzen strategisch ausbauen

Überlege dir, welche Kompetenzen du in Zukunft brauchst, um deine nächste Beförderung zu erreichen. Was sind die Voraussetzungen für die nächsthöhere Position? Liste die Kompetenzen auf und versuche, wo möglich, genau an diesen zu arbeiten und Praxiserfahrung zu sammeln. Je früher du identifizierst, was du brauchst, umso leichter kannst du dies nebenbei in deinen Berufsalltag einbinden und umso strategischer kannst du Projekte und Aufgaben wählen.

Erfolgstagebuch führen

Damit die Vorbereitung für dein nächstes Gespräch zu deiner Beförderung einfacher geht, gewöhne dir an, regelmäßig Erfolgstagebuch zu führen. Dokumentiere deine Leistungen und Erfolge. Entweder immer dann, wenn etwas abgeschlossen wurde, oder einmal im Monat für fünf Minuten.

Es dauert nicht lange, die eigenen Erfolge zu dokumentieren, doch es ist unglaublich nützlich. Lege dir außerdem einen Ordner an, in dem du nicht nur dein Erfolgstagebuch führst, sondern in dem du außerdem Lob und Danksagungen von Kollegen oder Kunden ablegen kannst. So hast du für die nächste Verhandlung bereits alles zur Hand.

Verantwortung übernehmen und Bestleistung zeigen

Am besten für deine Karriere ist, wenn du gute Arbeit leistest. Du musst dir zwar auch angewöhnen, darüber zu reden, aber die gute Leistung bildet die Grundlage. Versuche immer, die bestmöglichen Ergebnisse zu erzielen. Nichts ist mehr Gift für deine Karriere, als wenn du Dienst nach Vorschrift machst oder wenig Motivation zeigst. Dann wirst du auf deiner Position verharren und nicht weiterkommen.

Konzentriere dich also immer darauf, was du tun kannst. Das bedeutet nicht, dass deine Arbeit nun anstrengender wird. Achte lediglich darauf, dass du dich stets von deiner besten Seite zeigst.

Netzwerk aufbauen

Baue dein Netzwerk innerhalb und außerhalb deiner Firma aus. Ein internes Netzwerk ermöglicht nicht nur neue Chancen und Möglichkeiten, es wird auch für deine Karriere äußerst nützlich sein.

Ein externes Netzwerk wiederum hilft dir, Möglichkeiten außerhalb deiner Firma zu erschließen. Es kann außerdem hilfreich sein, wenn du deinen Wert bestimmen willst.

Bettina Stark-Watzinger, Bundesministerin für Bildung und Forschung, sagt auf die Frage, was eine erfolgreiche Karriere in der Politik ausmacht: »Die Bedeutung von Vernetzung. Das hat einerseits etwas damit zu tun, dass man sich bekannt macht. Aber andererseits auch, dass man viel Neues dazulernt und Inspiration bekommt. Und die Balance aus Abwägen, ohne zu zögerlich sein. Sonst verpasst man viele Chancen.«

Von Anfang an die Entwicklungschancen im Blick

Bei Jobinterviews solltest du immer nach den Entwicklungsmöglichkeiten fragen. Von Anfang an kannst du so sicherstellen, dass die Stelle passendes Potenzial für dich hat. Zusätzlich kannst du dich auf diese Perspektive beziehen, wenn du nach der Probezeit deine Position und dein Gehalt verhandelst.

Es wird immer leichter werden

Wenn du deine erste Gehaltsverhandlung geschafft hast, so hast du bereits eine Menge gelernt. All diese Erkenntnisse kannst du in Zukunft für dich nutzen und einsetzen. Darüber hinaus wirst du selbstbewusster werden, mit der Übung kommt das Selbstvertrauen. Außerdem wirst du immer besser wissen, was du willst und was du verlangen kannst. Auch die Zeit, die du in die Vorbereitung steckst, wird geringer werden.

Du hast das vielleicht schwierigste Gespräch deiner Karriere hinter dir und kannst dich darauf freuen, dass es mit jeder Verhandlung zu deiner Beförderung einfacher werden wird.

Too long; didn't read

- → Nach dem Gespräch ist vor dem Gespräch. Erstelle eine Liste mit den nächsten Schritten und Meilensteinen, die du nach der Verhandlung erfüllen musst.
- → Lerne aus der Verhandlung: Was lief gut, was möchtest du anders machen?
- → Definiere, welche Kompetenzen du in Zukunft brauchst, und baue diese aus.
- → Dokumentiere deine Erfolge regelmäßig im Erfolgstagebuch und sammle positives Feedback.
- → Gewöhne dir an, immer Bestleistung zu zeigen.
- → Baue dein Netzwerk innerhalb und außerhalb der Firma aus.
- → Prüfe bereits in Vorstellungsgesprächen, ob eine Position passendes Entwicklungspotenzial hat.
- → Es wird immer leichter werden, von Gespräch zu Gespräch wirst du geübter nach deiner Beförderung fragen können.

Quellen

1 Wiener Zeitung (05.09.2017): Frauen verhandeln seltener über Gehaltserhöhungen, URL: https://www.wienerzeitung.at/nachrichten/wirtschaft/oesterreich/915029_Frauen-verhandeln-seltener-ueber-Gehaltserhoehungen.html (zuletzt aufgerufen am 19.04.2023)

2 Schmolmüller, Carolina (2018): Beförderungen demotivieren Kollegen oft, URL: https://www.pressetext.com/news/befoerderungen-demotivieren-kollegen-oft.html (zuletzt aufgerufen am 12.04.2023)

3 Wiener Zeitung (05.09.2017): Frauen verhandeln seltener über Gehaltserhöhungen, URL: https://www.wienerzeitung.at/nachrichten/wirtschaft/oesterreich/915029_Frauen-verhandeln-seltener-ueber-Gehaltserhoehungen.html (zuletzt aufgerufen am 19.04.2023)

4 Business Insider Deutschland (2021): Befragung zeigt: 40 Prozent der Deutschen haben noch nie ihr Gehalt verhandelt — dabei lohnt es sich (fast) immer, URL: https://www.businessinsider.de/karriere/arbeitsleben/befragung-zeigt-40-prozent-der-deutschen-haben-noch-nie-ihr-gehalt-verhandelt-dabei-lohnt-es-sich-fast-immer (zuletzt aufgerufen am 02.01.2023)

5 Ebd.

6 Corporate Finance (2022), URL: https://cf-fachportal.de/meldungen/studie-jeder-jobwechsel-bringt-im-schnitt-30-mehr-gehalt/ (zuletzt aufgerufen am 06.02.2023)

7 Hammermann, Andrea/Stettes, Oliver (2018): Welche Kriterien befördern den Aufstieg auf internen Karriereleitern?, URL: https://www.iwkoeln.de/studien/andrea-hammermann-oliver-stettes-welche-kriterien-befoerdern-den-aufstieg-auf-internen-karriereleitern.html (zuletzt aufgerufen am 12.04.2023)

8 Wikipedia (2023): Generation Praktikum, URL: https://de.wikipedia.org/wiki/Generation_Praktikum (zuletzt aufgerufen am 12.02.2023)

9 Weeg, C./Bassewitz, M./Eichinger, R./Franzke jr., K./Rosenfelder, L./Uhlenbroich, B. (05.03.2023): »Arbeit ist kein Ponyhof« Wieso gingen die Gäule mit Frau Nahles durch?, URL: https://www.bild.de/politik/2023/politik/arbeit-ist-kein-ponyhof-wieso-gingen-die-gaeule-mit-frau-nahles-durch-83096588.bild.html

10 Philipp, Zenjobs (2022), Zenjob Gen-Z-Studie 2022: Das wünschen sich junge Arbeitnehmer*innen von ihrem Job, URL: https://www.zenjob.com/de/ressourcen/gen-z-studie-2022/ (zuletzt aufgerufen am 04.03.2023)

11 Bhattacharya, Shriya (2022), Studie: Fast die Hälfte der Gen Z und Millennials wäre lieber arbeitslos als unglücklich im Job, URL: https://www.businessinsider.de/karriere/arbeitsleben/studie-fast-die-haelfte-der-gen-z-und-millennials-waere-lieber-arbeitslos-als-ungluecklich-im-job-a/ (zuletzt aufgerufen am 06.02.2023)

12 Uni Bamberg (2020): Generation Z – die Arbeitnehmer von morgen, URL: https://www.uni-bamberg.de/fileadmin/uni/fakultaeten/wiai_lehrstuehle/isdl/Recruiting_Trends_2020/Studien_2020_05_Generation_Z_Web.pdf, S. 12 (zuletzt aufgerufen am 06.03.2023)

13 Haufe Online Redaktion (2017): Flexible Arbeit – was Arbeitnehmer wollen, URL: https://www.haufe.de/personal/hr-management/arbeitszeiten-flexible-arbeit-was-arbeitnehmer-wollen_80_421040.html (zuletzt aufgerufen am 06.03.2023)

14 Nier, Hedda (03.11.2017): Im Frühjahr lockt die Gehaltserhöhung, URL: https://de.statista.com/infografik/11676/im-fruehjahr-lockt-die-gehaltserhoehung (zuletzt aufgerufen am 19.04.2023)

15 Hesse, Jürgen / Schrader, Hans Christian: Die 100 wichtigsten Tipps für die erfolgreiche Gehaltsverhandlung. Für eine optimale Vorbereitung in kürzester Zeit. Frankfurt am Main: Eichborn AG, 2007, S. 38

16 Schindlbeck, Corinne (30.03.2017): In welchem Alter verdient man am besten?, URL: https://www.elektroniknet.de/karriere/gehaltsreport/in-welchem-alter-verdient-man-am-besten.140231.html#gallery (zuletzt aufgerufen am 20.04.2023)

17 Fischer, Roger / Ury, William / Patton, Bruce: Das Harvard-Konzept. Die unschlagbare Methode für beste Verhandlungsergebnisse. 1. Auflage. München: Deutsche Verlagsanstalt in der Verlagsgruppe Random House FSC, 2018

18 Assig, Dorothea / Echter, Dorothee: Eines Tages werden sie sehen, wie gut ich bin! Wie Karrieremythen Ihren Erfolg blockieren und Sie dennoch weiterkommen. 1. Auflage. München: Ariston Verlag, 2022

19 Karriere.at (06.11.2019): Warum du dich zu wenig aufs Gehaltsgespräch vorbereitest, URL: https://www.karriere.at/c/a/gehaltsstudie-fips-teil-1 (zuletzt aufgerufen am 20.04.2023)

20 Mai, Jochen (05.12.2021): Primacy-Recency-Effekt. Wie er die Wahrnehmung beeinflusst, URL: https://karrierebibel.de/primacy-recency-effekt/

21 Nier, Hedda (21.08.2017): Jeder fünfte verhandelt nie über das Gehalt, URL: https://de.statista.com/infografik/10763/jeder-fuenfte-verhandelt-nie-ueber-das-gehalt/ (zuletzt aufgerufen am 21.04.2023)

22 Mai, Jochen (22.02.2021): Lampenfieber überwinden: 6 + 5 einfache Tipps gegen die Aufregung, URL: https://karrierebibel.de/lampenfieber-ueberwinden-tipps/ (zuletzt aufgerufen am 05.04.2023)

23 Willikonsky, Ariane (03.08.2020): BRAVO Formel – Lampenfieber reduzieren, URL: https://ariane-willikonsky.com/bravo-formel-lampenfieber-reduzieren/ (zuletzt aufgerufen am 09.04.2023)

24 Hesse, Jürgen / Schrader, Hans Christian: Die 100 wichtigsten Tipps für die erfolgreiche Gehaltsverhandlung. Für eine optimale Vorbereitung in kürzester Zeit. Frankfurt am Main: Eichborn, 2007, S. 59

25 Finanzen100 (22.10.2020): Reichtum in Deutschland. Sind Sie reich? 3200 und 5700 Euro sind die magischen Grenzen in Deutschland, URL: https://www.finanzen100.de/finanznachrichten/boerse/sind-sie-reich-3200-und-5700-euro-sind-die-magischen-grenzen-in-deutschland_H1385241823_12557595/ (zuletzt aufgerufen am 22.04.2023)

26 Stepstone (16.12.2020): Wahr oder Falsch? 5 Behauptungen zum Thema Gehalt, URL: https://www.stepstone.de/Ueber-StepStone/press/wahr-oder-falsch (zuletzt aufgerufen am 10.04.2023)

27 Wehrle, Martin: Geheime Tricks für mehr Gehalt. Ein Chef verrät, wie Sie Ihren Chef überzeugen. 3. Auflage. München: Goldmann Verlag, 2013

28 Ebd., S. 168

29 Ebd.

30 Ebd., S. 165

31 Ebd., S. 167

32 Ebd., S. 175

33 Destatis (30.01.2023): Gender Pay Gap 2022: Frauen verdienten pro Stunde 18 Prozent weniger als Männer, URL: https://www.destatis.de/DE/Presse/Pressemitteilungen/2023/01/PD23_036_621.html (zuletzt aufgerufen am 04.03.2023)

34 Ebd.

35 Legal Tribune Online (16.02.2023): Equal Pay ist keine Verhandlungssache, URL: https://www.lto.de/recht/nachrichten/n/bag-8azr450-21-equal-pay-frau-mann-besser-verhandelt-gehalt/?utm_source=Eloqua&utm_content=WKDE_LEG_NSL_LTO_Daily_EM&utm_campaign=wkde_leg_mp_lto_daily_ab13.05.2019&utm_econtactid=CWOLT000008779060&utm_medium=email_newsletter&utm_crmid= (zuletzt aufgerufen am 03.03.2023)

36 Irsfeld, Claudia: Frauen und Gehalt. So verhandeln Sie gelassen und erfolgreich. Marie von Mallwitz Verlag, 2019, S. 35

37 Ebd., S. 43

38 Ebd., S. 24

39 Moldenhauer, Susan: Kenne deinen Wert! Der Gehaltsratgeber für Frauen. Hamburg: Eden Books Verlag, 2022, S. 29

40 Topf, Cornelia: Gehaltsverhandlungen für freche Frauen. Fordern Sie, was Sie verdienen und bekommen Sie, was Sie wollen! Heidelberg: Redline Wirtschaft Verlag, 2005, S. 186

41 Moldenhauer, Susan: Kenne deinen Wert! Der Gehaltsratgeber für Frauen. Hamburg: Eden Books Verlag, 2022, S. 228

42 Rottler, Patrick / Martin, Leo: Die geheimen Muster der Sprache. Ein Sprachprofiler verrät, was andere wirklich sagen. 1. Auflage. München: Redline Verlag, 2020, S. 188

43 Klatt, Martin (10/2022): Gehaltsverhandlung: 5 Tipps, mit denen du überzeugst. Eine Gehaltserhöhung von 10–20 Prozent ist nach einem guten Verhandlungsgespräch mit deinem Chef möglich. URL: https://beyondsaving.de/gehaltsverhandlung-tipps/ (zuletzt aufgerufen am 13.06.2023)

44 Wilke, Felicitas: Nicht Verhandelbar. München: Süddeutsche Zeitung, 07.03.2023

45 Bahr, Ines (08.03.2023): Frauen in der Arbeitswelt: 42 % aller Befragten finden, dass die Frauenquote in Führungspositionen niedrig ist, URL: https://www.capterra.com.de/blog/3511/frauen-in-der-arbeitswelt-studie (zuletzt aufgerufen am 21.04.2023)

46 Abdel-Latif, Adel: Quick & Dirty. Die geheimen Strategien und Taktiken des Verhandlungsprofis. 4. Auflage. München: Redline Verlag, 2016, S. 176–177

47 Sandberg, Sheryl: Lean In. Frauen und der Wille zum Erfolg. 2. Auflage. Berlin: Ullstein Buchverlage GmbH, 2015

48 Abdel-Latif, Adel: Quick & Dirty. Die geheimen Strategien und Taktiken des Verhandlungsprofis. 4. Auflage. München: Redline Verlag, 2016, S. 89

49 Ebd., S. 98

50 Ebd., S. 91

51 Ebd., S. 90

52 Ebd., S. 94

53 Tenbergen, Rasmus: Gehaltsverhandlungen führen, Taschen Guide. 1. Auflage. Freiburg: Haufe Lexware GmbH & Co. KG, 2017

54 Rottler, Patrick / Martin, Leo: Die geheimen Muster der Sprache. Ein Sprachprofiler verrät, was andere wirklich sagen. 1. Auflage. München: Redline Verlag, 2020, S. 76

Literaturverzeichnis

Abdel-Latif, Adel: Quick & Dirty. Die geheimen Strategien und Taktiken des Verhandlungsprofis. 4. Auflage. München: Redline Verlag, 2016

Assig, Dorothea / Echter, Dorothea: »Eines Tages werden sie sehen, wie gut ich bin!« Wie Karrieremythen Ihren Erfolg blockieren und Sie dennoch weiterkommen. 1. Auflage. München: Ariston Verlag, 2022

Fischer, Roger / Ury, William / Patton, Bruce: Das Harvard Konzept. Die unschlagbare Methode für beste Verhandlungsergebnisse. 1. Auflage. München: Deutsche Verlagsanstalt in der Verlagsgruppe Random House FSC, 2018

Hesse, Jürgen / Schrader, Hans Christian: Die 100 wichtigsten Tipps für die erfolgreiche Gehaltsverhandlung. Für eine optimale Vorbereitung in kürzester Zeit. Frankfurt am Main: Eichborn, 2007

Irsfeld, Claudia: Frauen und Gehalt. So verhandeln Sie gelassen und erfolgreich. Marie von Mallwitz Verlag, 2019

Moldenhauer, Susan: Kenne deinen Wert! Der Gehaltsratgeber für Frauen. Hamburg: Eden Books Verlag 2022

Rauchberger, Ingeborg: Schrei Kikeriki, wenn du ein Ei legst: 10 goldene Erkenntnisse, wie Frauen sich im Berufsleben besser verkaufen. 1. Auflage. Kulmbach: Börsenmedien AG, 2019

Rottler, Patrick / Martin, Leo: Die geheimen Muster der Sprache. Ein Sprachprofiler verrät, was andere wirklich sagen. 1. Auflage. München: Redline Verlag, 2020

Sandberg, Sheryl: Lean In: Frauen und der Wille zum Erfolg. 2. Auflage. Berlin: Ullstein Buchverlage GmbH, 2015

Tenbergen, Rasmus: Gehaltsverhandlungen führen. 1. Auflage. Freiburg: Haufe Lexware GmbH & Co. KG, 2017

Topf, Cornelia: Gehaltsverhandlungen für freche Frauen. Fordern Sie, was Sie verdienen – und bekommen Sie, was Sie wollen! Heidelberg: Redline Wirtschaft Verlag, 2005

Voss, Chris: Kompromisslos verhandeln: Die Strategien und Methoden des Verhandlungsführers des FBI. 4. Auflage. München: Redline Verlag, 2020

Wehrle, Martin: Geheime Tricks für mehr Gehalt. Ein Chef verrät, wie Sie Ihren Chef überzeugen. 3. Auflage. München: Goldmann Verlag, 2013

Über die Autorin

Sei es als McKinsey-Beraterin, als Mitarbeiterin im DAX-Konzern oder im Tech-Start-up – Frederike Wanstrath hat in ihrer Karriere zahlreiche Gespräche zu Gehalt und Beförderung geführt. Jetzt ist sie selbst Chefin. Als Geschäftsführerin bei der Spirituosenmarke Berliner Brandstifter in Berlin managt sie nicht nur die Firma, sondern auch das Team und führt Beförderungs- und Gehaltsgespräche aus der anderen Perspektive.

In ihrer Karriere hat Frederike Wanstrath bewiesen, dass gute Leistung und Engagement die Basis für beruflichen Erfolg sind. So hat sie sich in wenigen Jahren von der Praktikantin zur Geschäftsführung hochgearbeitet. Ihre Arbeit als Designerin wurde mit zahlreichen Awards ausgezeichnet, darunter der German Design Award und Red Dot Award. In Talks vor Fachpublikum und Presse hat sie zu den neuesten Trends und Studien Stellung bezogen und konnte so in kürzester Zeit zur Fachstimme auf ihrem Gebiet werden.

Nachdem sich Frederike Wanstrath selbst immer wieder intensiv mit ihren Beförderungen beschäftigte, zahlreiche Bücher las und bei jedem Gespräch ihre Taktik verbesserte, wurde sie im Lauf der Zeit zum Coach von Freunden und Kollegen, die vor ihrer Beförderung Rat suchten. Als Führungskraft weiß sie auch, dass es manchmal mehr braucht als nur harte Arbeit, um das angestrebte Gehalt und die Karriereziele zu erreichen. Mit ihrem Buch möchte sie jungen Menschen helfen, die notwendigen Fähigkeiten zu erwerben, um selbstbewusst und erfolgreich in Beförderungs- und Gehaltsverhandlungen zu gehen.

GABAL.
Wissen vernetzen